人生这么长，慢一些又何妨

舒娅——著

中国纺织出版社

内 容 提 要

人生那么长，你却总怕来不及。把生命拉长一点来看，此刻也许只是前奏，在自己的时区里，一切都是最好的安排。坚守我们真正想要追求的，找到自己内心的节奏，让心慢下来，在浮躁现实中从容地生活。璀璨的生命不是一蹴而就的，上天从未抛弃过每一个努力生长的灵魂，也不曾辜负过每一个擦肩而过的生命。所有的故事都会有一个结局，也希望所有的答案都如初愿。重要的是，在最终答案揭晓之前，你是否能够耐得住性子，守得稳初心，等得到转角的光明。

图书在版编目（CIP）数据

人生这么长，慢一些又何妨 / 舒娅著 . —北京：中国纺织出版社，2019.5

ISBN 978-7-5180-5922-5

Ⅰ . ①人…　Ⅱ . ①舒…　Ⅲ . ①人生哲学—通俗读物　Ⅳ . ① B821-49

中国版本图书馆 CIP 数据核字（2019）第 020789 号

策划编辑：郝珊珊　　责任印制：储志伟

中国纺织出版社出版发行

地址：北京市朝阳区百子湾东里 A407 号楼　邮政编码：100124

销售电话：010 — 67004422　传真：010 — 87155801

http：//www.c-textilep.com

E-mail：faxing@c-textilep.com

中国纺织出版社天猫旗舰店

官方微博 http://weibo.com/2119887771

三河市延风印装有限公司印刷　各地新华书店经销

2019 年 5 月第 1 版第 1 次印刷

开本：710 × 1000　1/16　印张：12.5

字数：100 千字　定价：39.80 元

前言

PREFACE

不知从何时起，“急”成了一种常态。似乎，成功永远属于走在最前面的那个人，幸福永远归功于追逐的结果，就连未可知的明天也幻化成了头脑中的预演篇。

人生，真有那么紧迫吗？必须要用跑的状态吗？跑，又真的就比走要快吗？

韩国作家金兰都写过一篇《你的人生此刻停留在几点》的文章，开篇的第一句话，至今记忆犹新：活到现在，你感觉自己人生的路走了多少呢？

失恋了，我们总说：“他/她夺走了我所有的幸福，这辈子再不会这样爱一个人了。”

失败了，我们总说：“或许，注定了我这辈子就要庸庸碌碌，再怎么折腾也是枉然。”

受挫了，我们总说：“生活对我太不公平，总让我经历沟壑与坎坷，什么时候才结束？”

犯错了，我们总说：“如果时光还能倒回，我一定不会酿成今天的错，现在只能叹息。”

……

活到现在，我们总以为，人生已成定局，一切都来不及了。其实，人生之路还尚早。

金兰都说：“人生时钟的计算方法十分简单。24小时相当于1440分钟，而将此分成80年，每等份就是18分钟。1年相当于18分钟，10年相当于3个小时，以此类推，20岁是早上6点，29岁是上午8点42分。”

你看，人生的时钟，比我们想象中要早很多；你瞧，人生这条路，比我们想象中要长很多。既如此，又何必那么焦虑，那么慌张呢?

慢下来，不是让我们将每件事情都蜗牛化，而是让我们活在一个更美好的世界，对自己负责，对生活负责，遵从自己的脚步和节奏，不被工作、账单、房子、攀比追得喘不过气。珍视生活中的乐趣，一如珍视生命本身，只有慢下来，才不会错过一路的好风景。

自在有为的生活，急不得。

目录

CONTENTS

星期一　人生像一本故事书，你不知道巅峰藏在哪一页　‖ 001

人总得学会安度不太满意的时光　|| 003

别太介意阴影，那是因为背后有光　|| 007

没有熬不过的冬，没有盼不来的春　|| 010

卑微或荣耀都无法阻挡追梦的脚步　|| 014

选择无所谓对与错，只是一场经历　|| 018

多少错误，不过是成功埋下的伏笔　|| 021

不必急着给自己的一生定局　|| 024

星期二　活在自己的时区里，一切都是最好的安排　‖ 029

每个人都有属于自己的生命节奏　|| 031

鼓起勇气对自己说“我很重要”　|| 035

当你接受了自己，就离幸福不远了　|| 038

不是每一件事都必须“有意义” || 042
不随便以一种基调定格人生 || 046
给生活以时间，去把理想实现 || 050

星期三 不念过去不畏将来，请爱你现在的时光 || 053

亲爱的，请爱你现在的时光 || 055
生命何须急切地去证明什么 || 059
尚未发生的事，何必去推演 || 062
所有不开心都是对生命的辜负 || 066
生活终是自己的，与他人无关 || 070
过得好的艺术是不再患得患失 || 073
寻常人家寻常日，比什么都幸福 || 076

星期四 无须偏执地逞强，时间会慢慢为你疗伤 || 081

容得下自己，才能容得下世界 || 083
人生就是不断经历和承受 || 087
勇敢就是坠落后还能升起 || 092
能够承担悲愁的灵魂最尊贵 || 096
痛苦不只是为你一个人准备的 || 101
悲伤不会消失，却会变淡 || 105

星期五　沉下那颗漂浮的心，生命自会找到出路 || 109

慢下来并不意味着你在“偷懒” || 111

身心合一是最好的生命状态 || 115

沉下一颗心，静候人生的花开 || 118

就算走了弯路，也不会一无所获 || 122

慢慢来，没有一蹴而就的好事 || 127

像树一样把根深深地埋进土里 || 131

星期六　走过蔷薇与荆棘，不失有趣的灵魂 || 135

生命还有什么，就去享受什么 || 137

不要把好东西留到“特别的日子” || 141

莫怕岁月，活着是多么可喜的事 || 145

世间有一种美好叫作且行且歌 || 149

活着就要有趣，有趣才是活着 || 153

简单的生活一样可以很精致 || 157

星期日　余生那么长，慢慢爱，不慌张 || 161

哪怕晚一点，也要去等对的人 || 163

真正的爱，经得起平淡的流年 || 167

爱得慢一点，爱得久一点 || 172

若爱，就将爱情进行到底 || 177

挥别错的，与该爱的人在一起 || 182

爱时勇敢，分开时亦不纠缠 || 186

星期一

人生像一本故事书，你不知道巅峰藏在哪一页

人生像一本漫长的故事书，你曾以为的结局，也许只是前奏，真正的巅峰尚未到来，还有一大段未知的、有趣的旅途在等你。

人总得学会安度不太满意的时光

“俞老师，我觉得人是有命的。他的命就是好，没办法，生在有钱人家里，什么资源都有，大学一毕业就有大把的钱创业，而且天资聪明，一创业就成功。您说，我们这些人怎么比？”

这是新东方的一个学生给校长俞敏洪写的邮件，这是一个出身在农民家庭的外乡男孩，由于家里经济条件有限，营养达不到，所以从小就比同龄人矮一大截。后来一个偶然的机会得到一笔资助，上了大学，现在报名新东方，是想以后出国留学。可是，看着周围的同学们要么来自名校，要么出身富家，他心里时时不是滋味，甚至打起了退堂鼓。

收到这封邮件，俞敏洪沉静良久，他仿佛看到了一棵茁壮的小树苗因为担心环境和未来，而在风雨中摇摆不定的样子。仔细思考了半天，他认真地给这个男孩回了信：

“此时的你不需要太关注过去，也许现在看来很多表面上的东西的确是没法比的，但从长远的一辈子来看，它并不像你想象的那么重要。”

“每个人的潜力都是无限的，一个人拥有的资源多少并不能决定他一辈子的成功与否。很多最初并没有拥有多少资源的人，通过努力，最后都成为了拥有较多资源的佼佼者。比如马云，一个普通工人家庭的孩子，他的父亲是拉三轮车的；又比如我，和你一样，是一个普通农民家庭的孩子，我的父母都不识字。我们俩都不是天生有‘好命’的人，但到了今天，毫不夸张地说，我们都拥有了一部分不错的社会资源和企业资源。”

“所以说，不管今天的你所处的环境如何，不管今天的你身处何地，只要你心中真正有生命的热情，只要你相信努力、勤奋和正确目标的力量，你就一定会有美好的未来。”

独立写手卢思浩在《你要相信，没有到不了的明天》的文章中写道：“不管你现在是一个人走在异乡的街道上始终没有找到一丝归属感，还是你在跟朋友们一起吃饭开心地笑着的时候闪过一丝落寞；不管你现在是在图书馆里背着怎么也看不进去的英语单词，还是你现在迷茫地看不清未来的方向，不知道要往哪走；不管你现在是在努力去实现梦想却没能拉近与梦想的距离，还是你已经慢慢地找不到自己的梦想了——你都要去相信，没有到不了的明天。”

“我们总是在昨天狠狠绝望过一回，然后突然醒悟般地走向未来的生活。我们终究还是找到了，找到了微笑着走向明天的勇气。”

在得到理想生活之前，必然要经历一段不太理想的日子，我们要学会接受并安度这段不大满意的时光。也许，直到50岁你才达到别人30岁的状况，但那又怎样，你是走一步学一步，一步一个脚印地追求。很有可能，最后你没能环游世界，也没能家喻户晓，但是，你可以将这些梦想寄托在那个叫作明天的未来，并且每一天都坚持到底，踏实地度过。

有人喜欢活在过去，为时过境迁唏嘘；有人喜欢幻想未来，为虚无缥缈伤神。但是，那些梦想实践者，除了养成梦想，更有一份额外的信心和坚持。他们从不夸夸其谈，二十岁时绝不为三十岁的事而焦虑，工作的时候从不奢望退休以后的生活。他们知道，按照自然的节奏踏实前行，时间一定会带来该来的一切。

一代文学才子沈从文也曾经历过那些看不到光亮的灰暗日子，但他说："我不相信命运，不承认目前形势，却尊敬时间。我不大在乎生活上的得失，却了然时间对这个世界同我个人的严重意义。"时间会改变一切暗沉残酷，前提是我们没有放弃相信和努力。

未来的你必定成熟，也必定老去。别指望未来的你会理解现在的你，悔意难当几乎是个必然，今天的承诺也总是会在未来被成熟戏谑。那么，需要现在的勇气和信心去做的事情，试试又何妨？不要以"我已经来不及了"为借口，我们还可以跌倒，还可以犯错，还可以反悔，还可以重新出发。未来还没到来，一切都来得及，要相信，相信未来。

半个世纪前，那个在逆境中自我鼓励的民间诗人，用他巧妙的构思和雄浑的笔触告诉人们，应该怎样矢志不渝地恪守自己对明天的承诺，"相信未来，热爱生命"：

“当蜘蛛网无情地查封了我的炉台，当灰烬的余烟叹息着贫困的悲哀，我依然固执地铺平失望的灰烬，用美丽的雪花写下：相信未来。当我的紫葡萄化为深秋的露水，当我的鲜花依偎在别人的情怀，我依然固执地用凝霜的枯藤，在凄凉的大地上写下：相信未来。我要用手指那涌向天边的排浪，我要用手掌那托住太阳的大海，摇曳着曙光那枝温暖漂亮的笔杆，用孩子的笔体写下：相信未来。”

“朋友，坚定地相信未来吧，相信不屈不挠的努力，相信战胜死亡的年轻，相信未来，热爱生命。”

别太介意阴影，那是因为背后有光

“孤单时，仍要守护心中的思念。有阴影的地方，必定有光。每个人无论遇到了什么，心里受到了什么样的打击，最终都会有一束光，打开心扉，美丽的光必定会照射每个角落。”

这是风靡华人世界的畅销绘本画家几米2009年力作，《星空》。它以一种年龄的视角，描绘了一类无法和世界沟通的孩子，从对社会的恐慌、逃避到逐步认识自我的过程。

在画面斑斓、色彩精美的图画背后，描述了一个并不复杂的故事：两个不知如何与这个世界沟通的孩子，女孩因父母不和，从小便寄宿在乡下的爷爷家；男孩和父亲常年出海，不得不辗转于陌生的城市。有一天，女孩听到男孩在积雪覆盖的屋顶唱歌，于是，他们相遇相识了。

之前，他和她只能独自承受着来自于这个世界的孤独，但是当他们在一起的时候，他们把自己的孤独当成礼物，做了交换，共同对抗着那份承受和孤独，然后，从对方手里，收到了一份勇气。

他们逃离城市，穿过幽暗的隧道，来到森林的尽头。在童年嬉戏过的湖上，他们划着小船来到湖心，在山里的夜晚仰望美丽的星空。

后来，她大病一场，而他却悄然离开，留下她独自面对那些一起走过的路。

直到有一天，她在房东的指引下推开他房间的门，里面画满了各种各样的鱼，游到大海里，去找寻父亲的航船。而她的画像，就在那自由的鱼群中，安静的笑着。她懂了，笑了，哭了。原来，他才是真正的魔术师。

哭过一场，一切仿佛变得晴朗了许多，她看见春天的树苗抽出绿叶，小狗在欢快地奔跑。书的末页，写着：后来，我再也没有见到他，但我永远会记得那年夏天最灿烂、最寂寞的星空。当一丝落寞浮上心头时，合上画本，却看见作者说：“孤单时，仍要守护心中的思念。有阴影的地方，必定有光。每个人无论遇到了什么，心里受到了什么样的打击，最终都会有一束光，打开心扉，美丽的光必定会照射每个角落。”

别太介意我们的人生路程中总是走在阴影的地方，那是因为我们的背后有阳光。因为有了阴影，探寻光明的价值才会充分体现出来。阴影只是实现梦想的必经之路，毅力和勇气才是黎明的守望。那些在黑暗中仍然仰望光明并孜孜以求的人，终究会把无法事先布置的生命舞台前的那条黑色幕布拉开，看到色彩斑斓的宏图。

正像那首深入人心的两行小诗所写：“黑夜给了我黑色的眼睛，我却用它寻找光明。”黑夜与光明形成鲜明的反差，诉说着整整一代人藏在心底的顽强求索，以及在黑夜中对光明的强烈渴望，那是在阴影中前行的唯一支柱，是一个人冲破黑暗的巨大力量。它不是对黑暗的绝望，而是对光明的向往，是一个充满激情的宣言。

阴影也好，黑暗也罢，都是每个生命必须经历的。法国著名小说家、哲学家阿尔贝·加缪曾说："死亡是无法摆脱的，但每个人都有自己的死。归根结底，太阳依然温暖着我们的身骨。"

每个人的一生中都会经历这样的阶段：外面的世界如同暗夜下的大海般深不可测、险象环生，个体就如同一叶扁舟，面对浩瀚的大海显得是如此渺小、孤独和迷茫。然而，这世上没有无边的黑暗，只要拥有坚强的毅力和不惧黑暗的勇气，终究会看到黎明喷薄的太阳，哪怕是生理上永远处在阴影甚至黑暗中的人。

每个人的心灵救赎最终还是要靠自己。在光明下欢笑是一种本能，而在黑暗中欢笑则是一种品质。在岁月与生命的博弈中，我们依然要有所期待，有所探寻；在东方第一缕曙光的指引下，见证心灵的成长。

没有熬不过的冬，没有盼不来的春

那是一段尴尬的岁月：他是一个落魄的教授，如今早已不在大学教书。为了养家糊口，返聘到了一个闹市区的小学校。只不过人们还习惯性地喊他“教授”。

教授家住在老城区一个破落的院子里，已经没剩下什么值钱的物件，只有一个鸡窝也长了茅草——半个月前，家里唯一的一只鸡被送到街面上，换了三升米。教授养活着两个孩子，儿子8岁，女儿5岁，正是长身体要营养的时候。家里却常常因为一升米而难倒英雄汉。

与此形成鲜明对比的，是街道上店面最大的蛋糕房——老板的儿子，正是教授的学生，每天有吃不完的鸡腿和烤肉。差距着实让人心里发酸。

眼看着中秋就要到了，早就从那些富户人家的门庭里传出用菜籽油炸月饼和点心的香味了，而教授还在为孩子们的肚子而发愁。

教授像其他的小学教员一样，每天都要去学校教书，到了月底结一次工资。此时刚过月中，距离发工资还有近半个月的时间，哪里来的钱去给孩子们买吃的？

这天，午间放学，所有学生都走光了，教授叫住了那个家里开蛋糕店的学生。

教师办公室里，四下无人，静得只有教授紧促的喘息声。“有件事，”教授终于张开了嘴，十分难为情地说，“我想请您帮个忙。”连他自己也没有想到，他竟然用了“您”。

学生尴尬而面带微笑地问：“老师，您别客气，您请讲。”

“是这样，你知道，我有两个孩子，儿子就像你这么大。我是说，他们很想吃你们家的蛋糕，可我这个月的工资还没有发，你看能不能我给你写个欠条，等工资发下来……”教授把头都快埋进了胸口，红着脸，像个犯了错的学生。

“就为这个呀，老师，您甭犯愁了，我回家取便是，您在这里等我。”说着，学生“噔噔噔”下楼去了。

在等学生回来的时候，墙上的钟表嘀嗒嘀嗒走着，教授感觉比10年的时间还要漫长。办公室里，他两眼泛红，一个八尺男儿，竟然为了孩子的口粮犯了愁。

楼梯间里，再次响起了“噔噔噔”的脚步声，学生怀抱着纸箱出现在他面前，满脸微笑地说：“老师，给！”

那天，身为老师的他第一次夸了这个学生懂事——老实说，这并不是一个十分听话的好孩子。他心里暗暗骂着自己的虚伪，为了几口面包，竟然口不对心！转念一想，他又不骂了，家里还有饿着肚子等他回家过节的孩子们。

他赶紧三步并作两步地往家走，街角处，与他熟识的花店老板拦住他，说今天是中秋节，送他一盆君子兰，让孩子新鲜新鲜。道谢后，他一手抱着一箱蛋糕，一手提着君子兰。刚一进家门，孩子们便像饿虎扑食一样把他围住，不到几分钟，蛋糕被儿女吃得还剩半箱。他看着，静静地喘着气，笑了。

还是女儿细心，送一块蛋糕到爸爸嘴边。他却说，学生请他吃过了，这些是学生送的，吃完后，还会有。

“可是，怎么能老让别人送呢？”女儿反问。

他支吾着，没有回答，忽地看见了那株君子兰。“孩子们，我们去把这束花种在院子里的空花盆里吧！”儿女欢呼着向门外走，儿子刨土，垫了一层老墙根的黑土做肥料，女儿为兰花浇了水。

一阵风吹过，翠绿的兰花叶子在风中摇曳。

女儿问他：“爸爸，兰花什么时候会开花啊？”

他愣了一下说，一年后，花就开了。

“可是，冬天马上就要到了，兰花会不会冻死？”儿子关切地问道。

他望着眼前的一对儿女和光景，哽咽着对孩子们说：“孩子们，一年后，兰花会开的。一年后，一切都会换了样子的。今后无论你们遇到怎样的困难，一定要坚持等一年，一年是足以让世界换了样子的……”

这是发生在30多年前的一个故事，故事中的教授如今已经满头白发。几年前，教授的外孙因为高考失利到他家旅游散心，教授给小外孙讲了上面的故事，并告诉他："不要心急，孩子，一年后，花总会开的。"

大自然的春夏秋冬有序而轮回，孕育不同季节的生命，给予下一季节的希望。人生亦如四季，有春的播种与希望，有夏的热烈和奋斗，有秋的收获与温馨，也有冬的艰辛与困苦。悲喜交替，顺逆相伴；但它们都不是永恒的，终将都会过去。

其实有时候，人要比自己想象的坚韧得多，关键在于保持一份淡定的心态。不管遇到什么困境或磨难，都不要抱怨不公，更不要悲观厌世。

人，其实都比想象中要坚强许多。做人要有一份淡定的心境，不管遇到了什么磨难，都不要抱怨命运不公平，也不要从此悲观绝望，厌倦世俗。在苦难的生命中，没有过不去的事，也没有跨不过去的坎儿；在人生的四季中，没有过不去的严冬，也没有盼不来的春天。

人生从来没有一帆风顺，关于挫折，关于失望，关于磨难，甚至关于死亡，我们可以选择憔悴或者鲜活，躲避或者静待；一切都还来得及，关键在于我们自己。一个丰满健全的人生不是不曾受伤，而是在伤痕累累中愈合并战胜，超越了痛苦，也就超越了自己。

在淡定的等待中，时间会洗刷掉所有的悲欢离合。因为：正如大自然有四季轮回，人生的春天终究会来，那时的花开，芬芳满园。

卑微或荣耀都无法阻挡追梦的脚步

“重要的不是成功，而是作为一个普通人，你不能丧失尊严。”

2013年夏，一部《中国合伙人》让时光瞬间穿梭回到久远的年代，那些我们都曾拥有梦想的岁月。他说：“如果额头终将刻上皱纹，你只能做到，不让皱纹刻在你的心上。”他说：“失败并不可怕，害怕失败才是真正可怕，我们只有从失败中寻找胜利，在绝望中寻求希望。”

影片讲述从20世纪80年代开始以后的30年里，三个中国年轻人想通过托福去美国实现梦想的故事。他们就像飞蛾扑火一般，一心向往炽热美好，却烫成一身伤痕；退回理智后，从卑微中昂首，步步拾阶而上，最终实现梦想。

“风车在四季轮回的歌里，它天天的流转，风花雪月的诗句里，我在天天的成长……”

这是一部关于青年成长的励志篇。20世纪80年代，成东青、孟晓骏、王阳，三个初出茅庐、年少稚气的年轻人，怀揣着热情和梦想，在高等学府燕京大学的校园内相遇，开始他们为了理想和追求的一场征程。

“过去的誓言，就像那课本里缤纷的书签，刻画着多少美丽的事……”

出生于留学世家的孟晓骏渴望成为一支指挥棒，站在美国纽约的土地上，改变世界。浪漫自由的王阳，尽情享受改革开放初期那蓬勃激昂的青春气息。还有一个与他们都截然不同的人，成冬青，甚至可以说是他们眼中的异类。曾两次高考落榜的农村青年成冬青，带着些许土气，些许胆怯，跻身于他们的行列。但是，成东青并没有因此而卑微颓废，他以孟晓骏为目标努力求学，积极进取。

“遥远的路程，昨日的梦，以及远去的笑声，再次的见面，我们又历经了多少的路程……”

三个好友最终只有孟晓骏获得了美国签证，现实和梦想的巨大差距让成冬青和王阳倍受打击。原以为三人从此就各奔东西，然而现实的奇妙就在于，它的发展永远不可能听从你的指挥，按照原先预设的方向。梦寐以求的美国并没有给孟晓骏带去多少喜悦，更多的是生活考量下的无奈和妥协：多少梦想跌落进美国街角的厨房，稚气蓬勃的燕大学子成为了普通的服务员。最后无奈，只得回国加入被开除公职的成冬青和王阳办起的英语培训学校。

“不再是旧日熟悉的我，有着狂热的梦；也不是旧日熟悉的你，有着依然熟悉的笑容……”

三个经历过现实挫折的年轻人，在找到努力的方向之后，仿佛又被注入了新的能量，开始了新的征程。

孟晓骏的新潮思想与成东青的谨慎保守摩擦出了诸多分歧，更是在公司股权分制问题上闹得几近决裂。但是，这一切内部的矛盾都随着国际大环境的变动而发生着扭转。当美元贬值，他们三个人合办的英语学校被批斗成卖国学校时，成东青的担当让孟晓骏震惊，并深深意识到自己的不足。当因侵权纠纷而被起诉状告时，三个患难与共的兄弟齐力赶赴美国谈判，并最终将“新梦想”成功带到华尔街上市，市值30亿美金，成为中国第一只教育产业股。

三个普通的年轻人，因为怀有梦想，有为梦想执着努力的勇气，而最终做成了一件不普通的事。而影片中的三兄弟，其实代表的就是片尾中闪现过的众多面孔：柳传志、马云、杨澜、俞敏洪、冯仑、李开复、张朝阳……他们把曾经的过往都视为一种经历，无论卑微还是荣耀，都无法阻挡他们追梦的脚步。

在自然界中，有无数参天大树利用身高的优势，肆意享受着大自然的阳光雨露；同时也有一种生命在阴暗的角落里不被关注，默默生长。它们挨不到阳光，成长所需的水分和养料都需要自己努力去争取。但正因为这样，它们也就比其他向阳的生物更富有生命力，从而顽强地一点点生长，在无人注意的角落里悄悄长大，慢慢变壮。

成长和改变总是在不知不觉中默默实现的，一时的卑微并非一世的困窘。不要因为道路的坑洼就拒绝前行，更不要因为地势的低谷而放弃山川大河。只有在坑洼中沉得住气，吸取教训，未来的路才能走得更加宽阔；只有在低谷中积蓄力量，有朝一日挺起腰板时的视野才能更加高远。

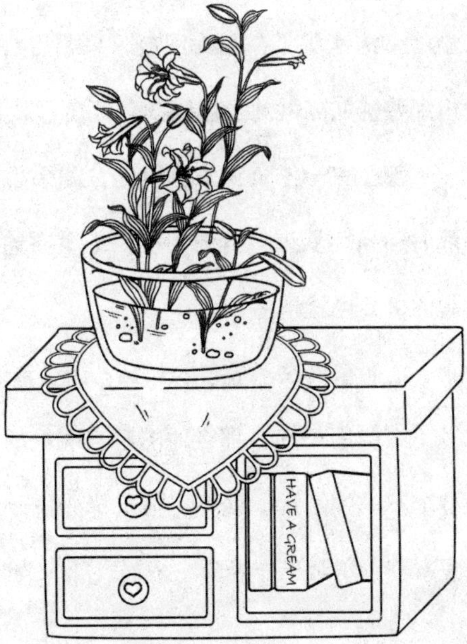

选择无所谓对与错，只是一场经历

漫漫人生路，走过一程，路过一段，怀揣着“不要错过”的美好愿景，但又有谁能保证没有一点遗憾呢？错过一场精彩的演出，错过一段美丽的情缘，错过一次安稳的升职……我们可以慨叹那是生命的残缺，但当一个人静静地沉思时，往昔的点点滴滴，回放的微缩镜头，一个个温情四溢的幸福镜头，在脑海回放，只要用心体会过的人都能明白：虽然逝去，但那些恍如隔世的经历同样会把自己紧紧包围。

曾经有一位企业家告诉他，如果想创业，最好在35岁之前开始。因为那时还满怀梦想、身强力壮，更重要的是：你输得起；失败越早，东山再起的机会也就越多。

企业家只说了故事的开头，却没告诉他结局。

终点是35岁，那么他的起点呢？这对于即将大学毕业的他而言，的确是个不小的困扰。最终，他选择先找一份工作，借助大公司的平台提升个人素养，积累工作经验，拓展人脉，为今后创业打基础。

六年后，他的选择变了。他在“工作进展得非常顺利”的繁荣中感受到了一种危机。大学刚毕业那会儿，他只想找份工作，升职加薪，求个安稳就好。但随着年龄的增长、经历的增多，他开始想放弃眼前的安稳，寻找更能实现自我价值的事情。

这时，一位曾经的合作伙伴向他推荐了一个新的创业项目。这个或许能让他发挥最大能量的项目，充满着极大诱惑，也纠结了许多担心：任何事情都是机遇与风险并存。加入创业公司，意味着放弃安逸的物质生活，卸下曾经拥有的光环，失去一些合作伙伴，离开现有的团队，踏上一条未知的旅程。

他反复考虑了很久，征求了几位朋友的意见，忽然发现，他担心的无非是这家公司失败了怎么办。而实际上，这对他来说是一桩只赚不赔的买卖。底线清楚了，思路也就清晰了。于是，在他工作第六个年头，他决定从零开始，下海创业。

如今，他的新公司已经运行了一年多，进展顺利，业绩表现甚好。虽然每天仍然会遇到新问题，但他一点也不着急，他有把握，凭借团队的力量，这些问题很快都会迎刃而解的。这是他对团队的信任，也是对自己的信心。

他在朋友聚会时聊起这次而立之年的转变，颇有感触地说：“在30岁左右的年纪选择转换跑道，与其说是换了一份工作，不如说是换了一种生活方式。这条路没有对错，没有公式；没人逼你做错误的事，却也没人告诉你什么是正确的事。”

选择的过程，本身就是一种成长和经历。人生的每一笔经历，都在书写着你的简历。本以为微不足道的事情，回头看的时候，都有着无法细数的刻度。土耳其作家奥尔罕·帕慕克就说过：“其实任何人，在经历时，都不会知道自己正在经历一生中最幸福的时刻。”更直白地说，幸福不仅仅在于拥有什么，更在于经历着什么。

人的生命在自然界中真的如惊鸿一瞥般短暂，而在这短暂的人生旅途中，我们都在抒写着自己的人生故事，或感动，或忧伤，或喜悦，或平淡。经历的每一件事，都是我们情感的渲染，经验的总结。当有一天我们老得不能动弹的时候，回首往事便会发现：经历，就是我们走过一世的印证和财富。

多少错误，不过是成功埋下的伏笔

春耕时节，人们都在地里忙着播种，只有一个农夫每天什么都不做，闲散着大把时间。这引来了人们的羡慕和好奇：“这么快你就把麦子都种完了？”

农夫摇摇头：“没有，我担心天不下雨，辛辛苦苦种下去的籽也都长不起来。”

又有人问：“那你种棉花了？”

农夫还是摇头：“没有，去年闹虫灾，我哪还敢种棉花！”

人们不禁追问道：“那你种了什么？”

农夫两手一摊，回答说：“什么也没种，我要确保安全。”

可想而知，等到再次农忙收获的时候，农夫只有“望麦兴叹”、空空如也了。我们谁也不知道未来是长是短、是险是安，只是有一点，当回避了危机、放弃了尝试，也就等于放弃了学习、改变、成长和生活。这无异于被自己的态度所捆绑，是丧失了自由的奴隶。

我们或许会爱错人，或许会为不值得的事痛哭流涕，但有一点是确信无疑的，那就是错误可以帮助我们找到正确，让下一次做得更好。每一次成功都要经历过失败的洗礼，每一次失败都会送你走上成功的殿堂。我们不能把自己和曾经的错误、种种的痛苦等同看待，你只活在此时此刻，而且也有能力让今天变得与众不同，更有能力去开创美好的未来。要记得，人生所经历的每一件事情都为未来的某个时刻埋好了伏笔。

人类在婴儿时期的蹒跚学步，就是通过不断尝试和犯错来学会走路的。当我们第一次努力尝试着站起，迈开脚步时，无疑，是摔倒了并重新回到了爬行。但我们不会去在意这个结果，没过多久，对摔跤的恐惧也烟消云散。我们不断地再次起身又再次摔倒，终于可以像一个人那样摇摇晃晃地站直了。即使这样，接下来也不可避免无数次的摔跤。

那时，我们还不懂什么叫失败，也没有任何的心理负担和恐惧，只是一种对生命本能的尝试，让我们终于可以顺利地直立行走。在后来的成长过程中，我们慢慢变得谨慎，学会考量，在思前想后、反复衡量中，便不知不觉地陷入恐惧的错觉。它告诉我们：失败是有可能的，而失败则意味着我们毫无价值。

失败真的毫无价值吗？与其以某些结果来判定失败，倒不如去总结教训，在细节中寻找答案：“我从行不通的那条路上学到了什么？”“这件事能解释我之前无法解释的事情吗？”“我从中发现了什么意料之外的东西？”

生活中本就充满着矛盾，成功就是从无数次失败中学习总结而来。当我们去尝试做一些事情时，发现结果并非预期所想，但同时却从中发现了乐趣，这才是“错误”最具创造力的行为。往往，出乎意料的方式才是创造性思维的最高形式。

茫茫世界风云变幻，漠漠人生沉浮不定，而未来的风景却隐藏在迷雾中。要知道，向哪里进发都会有坎坷的山路，也会有阴晦的沼泽；虽然有深一脚浅一脚的危险，但人生之路那么长，又何必在意眼前一次的错落呢？同时，如果你只盯着0这个数字，那么你将什么也看不到；如果你把它拾起来重新审视一番，也许整个世界都将会出现在你的眼前。

不必急着给自己的一生定局

北漂女孩陈菲，三年前揣着明星梦来到帝都。开始，她总在北影制片厂附近转悠，希望能有个导演或是制片人看中她这支潜力股，许多演员都是这样出道的。但后来她发现，在这个人才济济的城市里，遍地都是金子式的人物，要让人发现自己身上这点微弱的光芒，实在太难。看着一天天瘪下去的钱袋，她知道必须得找一份能养活自己的工作了。

北影制片厂附近的店，人员基本上都饱和了，她挨家挨户地问，把条件放到最低，只要包吃住就行。可多数老板都笑着告诉她，我们会给工资，但不提供食宿。就在她正发愁的时候，一家小小的咖啡店"收留"了她。

陈菲欢欣雀跃了半天，心想咖啡馆一定比其他地方更有机会邂逅伯乐。可接下来的几天，她的心情就没那么兴奋了，她发现现实中的导演和制片人其实也都跟普通人一样，没有鸭舌帽，没有标志性的马甲。虽然每天都会有很多北影制片厂的员工来这里，但她没有火眼金睛，一个也认不出来。

就在她感到沮丧不已的时候，居然意外得到了一次试镜的机会。那天，一个40岁左右、身上散发着文艺气息的男人，在咖啡馆里翻阅着文件，愁眉不展。陈菲给他递上咖啡，会心一笑，没想到对方的眉头舒展开来，笑问："姑娘，有做演员的想法吗？感兴趣的话，这两天可以去试镜。"

陈菲的心都快跳出来了，尽管她得知那只是一个非常小的角色，可毕竟是难得的机会。第二天，她就去了指定的地点试镜。到了那里她才发现，试镜的还有几个女孩子，而她排在最后。待前一位女生出来，而她尚未接到指示进去的空隙间，她听到了屋里两个人的谈话。原来，这个角色早已内定了，就是导演的侄女。所谓的试镜，不过是给一些人看的，走个过场而已。

试镜结束后，陈菲蔫头耷脑地回到咖啡馆，整个人都心不在焉的。那天，她比往常更容易出错，给客人上错了咖啡，拿错了甜点，找错了零钱……终于熬到了下班，她拖着疲惫的身体恍恍惚惚地回了家。

说是"家"，其实就是一个阴暗的地下室。在她生活的县城，几百块钱完全能租一间单元房了，只是那里没有实现梦想的机会。她在小屋里昏昏沉沉地睡去了，醒来后屋里漆黑一片，不知是什么时候了，这就是地下室里的生活。她看了看表，快到凌晨1点了。睡意全无的她想出去透透气，就披了一件外衣出了门。

快走到一层时，她依稀听到烤肉摊传来的说话声，大城市就是这样，永远灯火通明，永远有晚归的人。想起自己还没吃饭，她也朝烤肉摊走过了过去。她以为摊主会是一个油腻的大叔，却没想到是一个穿着白色T恤的男孩。

摊主冲她笑笑，说："还剩最后一把，估计也没人来了，你都要的话便宜点好了。"

陈菲点头说好，就坐了下来。男孩一边烤肉，一边问："要辣椒吗？"

"要，越多越好！"陈菲好像是在发泄什么一样。

当邻桌最后的一拨客人结账走人后，陈菲和摊主聊起天来。有意思的是，这男孩跟陈菲一样，也是追梦的人。他告诉陈菲，自己想当编剧，也一直在努力。现在，他已经跟朋友合拍了几部微电影了，虽然盈利不多，但得到了许多人的认可。

陈菲沮丧地说起了自己的经历，男孩听后笑问："才失败一次就灰心了？那我劝你还是放弃好了。你知道我的第一个微电影剧本投了多少次才成功吗？我投给了41家公司，拒收了就再投给别人，快到40次的时候我也崩溃了，甚至怀疑自己是不是搞创作的材料。但我不甘心啊，就继续投。结果，再试了几次，就有人收了，还非常认可……"

那天夜里，两个有梦的年轻人聊了很多，陈菲离开烧烤摊时，已是凌晨四点了。她想通了，虽然自己认不出那些导演和制片人，但也可以给客人派发自己的名片。离制片厂那么近，多的是试镜的机会，总不可能剧里的每个演员都是靠关系进来的。最不济，还能做个群众演员，熟悉一下流程。失败一次怕什么呢？只要不失掉勇气，一定还有机会！

没有谁的成功是一蹴而就的，在熠熠生辉之前都会有一段孤独不安的日子，唯有咬着牙熬过沉默的时光，才可能看到胜利的曙光。温斯顿·丘吉尔曾经就成功这件事，说过一句简短而精辟的话：“绝不，绝不，绝不放弃！”

有一个人14岁进拳击场，第一次上台就被人打得满脸是血，包扎好伤口后，第二天他又出现了在了擂台上。在一次训练中，他左眼受伤，此后视力再没有恢复；19岁那年他参了军，在一次战斗中被炸成重伤，此后他与受伤结缘，全身先后中了200余块弹片，这些弹片有一部分至他去世也没能取出；20岁时他立志当作家，笔不辍耕，作品却不断被退回；24岁那年，他的第一部著作终于出版，但只印了300册。穷困潦倒的他已经无法维持一家人的生活，妻子带着刚出生的儿子离他而去……这个历经了多次失败和创伤的人，这个坚持不懈去创作的人，终于在1954年获得了诺贝尔文学奖。他，就是厄纳斯特·海明威。在一本著作里，他清晰地表明了自己的态度：“人生下来不是为了被打败的。”

一次失败怕什么？两次失败又何妨？它只代表你要的结果尚未来到，却不代表你被判出局。成功这条路本是曲折的，会有泥泞和黑暗，会有风暴和雷鸣，想要抵达终点、看到最美的风景，就要笑着去面对、去承受所有，在受挫的时候用温暖的声音告诉自己“人生下来不是为了被打败的”。这份无声的坚韧，终将会成就你的理想。

星期二

活在自己的时区里，一切都是最好的安排

每个人都有自己的时区，不必羡慕走在你前面的，也不必嘲笑走在你后面的，按照自己的步程前行，走一步有一步的风景，进一步有进一步的欢喜。

每个人都有属于自己的生命节奏

哈佛大学最受欢迎的公开课堂上，教授给出一个公式：幸福=成就/期望。显而易见，商值变大的方法无非两种：作为分子的“成就”变大，或者使作为分母的“期望”变小。

比如，当考试取得好成绩时，工作得到升职时，收到心仪的礼物时，品尝绝世美味时，我们都会感到幸福，因为这时我们的大脑会分泌一种叫做多巴胺的激素。作为一种当我们取得某种“成就”或得到某种“拥有”时分泌的激素，多巴胺能够使人感到兴奋和快乐，它是幸福公式中，分子变大时出现的一种激素。

过去，我们一直都在过着“多巴胺式人生”（Dopamine-driven-Life），即追求把成就当成基准的幸福。新中国成立之初，在满目疮痍、一无所有的情况下，想要跟上发达国家的步伐，几乎处处都是“赶英超美”“努力奋斗”“创造机会”“夺取胜利”的标语。后来，改革开放了，为了在竞争中突出，为了比别人“进步”更快，为了比别人赚更多的钱，所有人都马不停蹄，一心朝着前方奔跑。

就这样，人们甚至习惯了在现实生活中不断去设置一个又一个的期望“高地”，然后一个又一个地让自己去攻克、去占领，以为这样便可以获得更高的幸福数值。殊不知，期望值这个底盘越大，幸福感的塔顶便越尖细。君不见，满城尽带黄金甲吗：不满足于“蜗居”的现状，在寸土寸金的房地产时代为了一套宽敞豪华的寓所而奴役终身；不满于身边那个贤妻良母，非要在大千世界里再苦苦追求一个激情红颜；孩子小升初，区重点不行，宁可交几万元赞助费挤进市重点，只为了孩子日后能有出息，也心甘情愿；努力工作以争取更高的社会地位和金钱，这样才能买得起高档商品，穿得了名贵皮革，跟得上流行大潮，永不落伍……如此种种。

就在脚步越来越快的同时，呼吸也越来越短促，以为忍一忍过了瓶颈期就会一劳永逸了。然而可悲可叹的是，这样的人只看中了多巴胺的正取向，却不知道它还有局限性：面对已经产生过反应的刺激，就很难再分泌出激素了。这也是为什么物质刺激带来的快乐持续不了太久的原因。

其实，我们的大脑里还会分泌另一种激素，叫血清胺。当我们在阵阵松涛中散步的时候，当我们在冬日暖阳下冥想的时候，当我们不计回报帮助别人的时候，一种柔软的幸福感便会油然而生，这就是血清胺的作用。相比取得更大的成就，拥有更多的物质，保持对自己所拥有的满足和感恩的心态，则显得更加重要，这就是血清胺式生活（Serotonin-driven-Life）。

这样说来，幸福就是多巴胺与血清胺的调和。没有感恩的成就是孤单的，没有成就的感恩是无力的。在对成就的热情和感恩的顺从之间，能把它们调整得有多均衡，我们所感受到的幸福就有多少。

心理学家们对“主观的幸福”的研究已日渐推翻许多人对其所抱有的神秘性。科学家们提出了许多惊人的新发现，例如：幸福不分性别；幸福不依赖于年龄；财富不能创造幸福。按照美国心理学家米哈利·克塞克的说法，幸福意味着生活在一种“沉醉”的状态中，即完全投入一种活动，无论是工作还是娱乐。

《羊皮卷》中有这样一则小故事，浅显易懂而寓意深刻：

大街上，一个人行色匆匆、急急忙忙地赶路，拉比看见便叫住了他，问：“看你这么急，到底在追赶什么呢？”

“我要赶上生活。”这个人头也不回、气喘吁吁地回答。

拉比摇摇头，叹口气说：“你怎么知道生活就在前面？只顾着拼命往前跑，一心一意想赶上生活，为什么不看看四周，问问自己生活究竟在哪儿呢？或许，它还在后面追赶你呢！我看你不如安静下来，去等待去发现，说不定生活就能与你会合；你现在越跑越快，是在拼命逃离自己的生活啊！”

生活不是一场赛跑，而是一段旅途。我们应该慢慢走，问问自己到底想要什么，当下又在做些什么。有人说，幸福的秘诀，便是寻找到一种最适合自己的速度，不因疾进而不堪重荷，也不因迟缓而空耗生命。走自己的路，看自己的景；超越他人不得意，他人超越不失志。

鼓起勇气对自己说“我很重要”

“我很困扰，会好起来吗？”

“嗯，会的，会好起来的。”

“是吗？像你一样。”

“谢谢。你越了解自己和了解自己要什么，你就越不会被困扰。”

“对。我只是不知道我应该干什么，你明白吗？我尝试写文章，但是我讨厌自己写出来的东西。我也试过拍照，但是拍出来的东西很普通。每个女孩都会经历玩摄影的阶段，比如照马，或者照你的笨脚趾。”

“你会开窍的，我可不担心你。继续写文章吧。”

“但我太平凡了。”

“平凡也不错。”

这是电影《迷失东京》中一段经典的对话，一个是年轻美丽的大学毕业生夏洛特，一个是正在遭遇中年危机的过气好莱坞影星鲍勃·哈里斯，两个迷失又孤独的人，在东京这座流光溢彩的大都市中相遇，彼此陪伴度过了生命中重要而又奇妙的几天。

鲍勃告诉夏洛特，越是了解自己的个性和需要，就越不容易被外界影响。无论是正在寻找自己在世界中位置的年轻人，亦或不再年轻但也想要设法知道自己是否在正确的轨道上前行，都需要认识自己。

认识自己的前提是了解，了解的前提是发现和接纳。很多时候，我们的忧虑和烦恼大都来自于两点：在自我设限的时间里，发现了自我的真实特征而无法接受；或者更“负做功”的是，根本没有发现真正的自己，而妄自菲薄。

这样的心理被奥地利心理学家阿德勒称为自卑，他认为每个人都不可避免地存有自卑。阿德勒自己就有过这样的体会：他念书时数学成绩从未上去过。在老师和同学的消极反馈下，强化了他数学低能的印象。直到有一天，他出乎意料地发现自己竟能做出一道连老师都感到棘手的题目，才成功地改变了对自己数学低能的认识。在《自卑与超越》一书中，阿德勒首度表达了他富有创见的观点：“人类的所有行为，都是出自于‘自卑感’以及对于‘自卑感’的克服和超越。”

绝大多数人从来都没有意识到这个问题，因而也都只发展了10%的潜在能力。我们可能具有连自己都不知道的各种各样的能力，却习惯性地不懂得怎么去利用。《圣经》里说：你在我眼里是宝贵的。是的，你很重要，你是宝贵的，你就是你能拥有的全部。你存在，才会感到整个世界的存在。你看得到阳光，才会感到整个世界看得到阳光。只有自己才能终身与你作伴。你就是自己的一切，认识自己很重要，你也是值得被自己所认识的。

英国著名演员、剧作家诺艾尔·科沃德曾经说过：“我对这个世界相对而言无足轻重；另一方面，我对我自己却是举足轻重。我唯一必须一起工作、一起玩乐、一起受苦和一起享受的人就是我自己。我谨慎以对的不是他人的眼光，而是我自己的眼光。”

就像爱默生在他那篇《论自信》的散文里所说的：“在每一个人的教育过程之中，他一定会在某个时期发现，羡慕就是无知，模仿就是自杀。不论好坏，他必须保持本色。虽然在广袤的宇宙中有太多好东西，可是除非他耕作那一块给他的土地，否则他绝得不到好的收成。他所有的能力是自然界的一种新能力，除了他之外，没有人知道他能做出些什么，他能知道些什么，而这都是他必须自己去尝试求取的。”

每一个人都应该有勇气对自己说：我很重要。即使地位再卑微，身份再渺小，也不该影响到你对自己的认识。重要并不是伟大的同义词，它是心灵对生命的允诺。保持一生独特魅力的方法，只有找到自己，消除自卑和忧虑，然后才会有由内而外笃定而自信的美。

当你接受了自己，就离幸福不远了

不久前，网络上盛传一则挺有意思的小故事，叫《缺失的一角》，它对于纠缠在完美主义里无法自拔的人来说，或许有一定启发：

一个小圆球不小心被碰掉了一块，它变得不再完美，这让它感到很自卑，一心想找回那缺失的一角。因为残缺，小圆球滚动起来非常缓慢，一路上，它与鲜花为伴，与昆虫为伍，问它们是否见过自己缺失的那部分。期间，它也找到过很多零碎的角，但都跟自己不匹配。

即使这样，小圆球也并不气馁，它想，自己本来就应该是完美的，缺了那一角就成不了圆球了，就不是自己了。为了寻找到丢失的碎片，变回完整的自己，小圆球不辞辛苦地不停滚动。终于，功夫不负有心人，在一个阳光灿烂的日子，小圆球在一片草丛中找到了自己的那块碎片，重新成为了一个完美无缺的球。

但这一回，过于圆满的它滚得太快了，以至于没有时间再关心身边发生的一切，看不清周围美丽的花海，听不到虫儿的呢喃，感觉不到生活的美好。小圆球忽然觉得自己不像以前那样快乐了，整天郁郁寡欢。

意识到这一点，小圆球毅然丢掉了那块历经千辛万苦才找到的碎片，它又可以停停走走，欣赏自然的情趣了。

事事苛求完美，实际上就是在难为自己。当一切都完美无缺，再没有任何可以修补的地方时，也就无法体会到缺失的魅力和暂停的乐趣了。

生活中本来就没有什么是“必须”的，所有的“应该”和“必须”都只能让我们陷在永不满足、自怨自艾的恶性循环中。唯有从完美的画地为牢中挣脱出来，才能成为一个自然的人，流露出自己真实的一面，不伪装，不掩饰，从容地面对生活。坚强也好、脆弱也罢，都是人性中固有的一部分。反倒是刻意压抑着自然而然的流露，只会徒增烦躁，无益于身心。

淑媛，一个人如其名的女孩，某外企高管。每个工作日的早晨，尽管千万个不情愿地从床上爬起，尽管头晕脑胀，可临出门前，她还是会对着镜子挤出一个微笑。她暗示自己：我必须要精神饱满，我应该展示出自信和快乐。这些“必须”和“应该”的背后，实际上是她潜意识里的教条：“低落”是不对的，“疲倦”是不好的，“脆弱”是会被人嘲笑的。

每天，淑媛都用自信的面具把自己伪装起来，示人以面，却掩藏内心。阳光的笑容后面，是几缕隐隐约约的沮丧。即使这样，若真是在工作和生活中遇到了什么挫折，淑媛也会装作一副满不在乎的样子，始终把自己最干练、最坚强的一面展示出来，她总在心里对自己说：“我不能哭，我不能倒下，我不能那么脆弱，我必须要勇敢，要坚强。”

当听到别人说“你真是个坚强的女人”“我真的很佩服你，我就做不到”时，她会感觉内心有一种优越感、成就感。但实际上，远离人群一人独处时，一股莫名的悲伤便油然而生，挥之不去。当然，第二天她还会一如既往地出现在人前，当作什么事也没有发生过。

像淑媛这样，为了完美而应该，为了应该而对抗，她是真的快乐，真的坚强吗？事实上，正如人们没看到的那样，她是多么脆弱和无助，也许连她自己也想知道，究竟要怎样做才能真的获得心理上的喜乐？

心灵养成大师张德芬说过：“凡是你抗拒的，都会持续。因为当你抗拒某件事情或是某种情绪时，你会聚焦在那情绪或事件上，这样就赋予了它更多的能量，它就变得更强大了。这些负面的情绪就像黑暗一样，你驱不走它们。唯一可以做的，就是带进光来。光出现了，黑暗就消融了，这是千古不变的定律。喜悦，是消融负面情绪最好的光。”

如果一直怀疑自己、否定自己，那么生活中的一切也会受到负面的影响。一个人快乐与否，全完取决于他对待生活和自己的态度。当一个人能够从根本上接纳自己、喜欢自己时，他离幸福就不远了。

每个人心里在不同时期都有某种声音，它时刻准备抓住我们的失误和弱点，然后做出严厉的批评，让我们背负痛苦的情绪，对自己感到失望，摧毁自信。假若能抛开这个声音，完全地接受自己，认为自己是值得被爱的、有用的、乐观的，那么不管自己有多少缺陷，曾经犯过多少错误，都可以平静坦然地接受，没有丝毫抵触与怨恨地面对。

生命中充满了奇迹，不管是谁，都有创造奇迹的机会。但成功和创造的前提是，你要成为你自己。如此，才能看到这个世界的更多美好和光明，才能体味到生活的愉快，才能真正地去爱，去创造生命的无限可能。

不是每一件事都必须“有意义”

林语堂先生说：“不管在什么情况下，‘意义’都是一种秘密。”

有一部叫做《保住面子》的英国广播公司情景剧，讲述了一个挺有意思的故事：巴凯特，一个中产家庭主妇，眼睛总是盯着对门邻居家的生活，只要谁家有了新的进项，获了新的荣誉，她心里就觉得别扭，好像自己整个生活都失去了重心，变得毫无意义。没过多久，这个对门搬走了，新来的邻居没有之前那么幸运，整天病魔缠身，还总是倒霉散财。这样一来，巴凯特又觉得自己的生活很幸福了，生命的意义仿佛一下又回来了。

与富裕的邻居相比，巴凯特总觉得自己的生活不幸福，没有丝毫意义；然而，当她看到身边尽是又生病又破财的人时，她又觉得自己很幸福。其实我们都知道，巴凯特的境遇从始至终没有发生任何变化，不一样的只是比较的对象，和内心的感受罢了。

在“意义”二字上纠缠不放，无异于在心里给自己系上了一个结，解不开。说到底，意义终归是人为赋予的主观意识，是极其私人化的概念，又怎能当成四海皆准的标尺呢？要知道，不是每一件事都要有意义，更不是每一个意义都要有一个参照系。比如，活出真我风采，是人生意义？或者坐拥财富之城，是人生意义？亦或阅人无数、行路万里，才是人生意义？好像都是，好像又都不是。

穷是过，富也是过；顺境一时，逆境也一时；辉煌是一生，黯淡也是一生；乐观一世，悲观也是一世……活着就是好好活着，没必要强加进一个意义徒增压力，自己跟自己较劲。从容、达观、随性，不激进，不强求；如此，人生自有芬芳自是春。

这些，又和意义何干？

意义，有时是一道虚假的反光，顺着它指引的方向走，反倒南辕北辙，越走越远。意义可以事后贴金，也可以是总结报告里的贺词，但不储存于清醒、睿智的头脑当中。因为，每个人都有自己的生活方式与态度，都有自己的评价标准。我们可以参照别人的方式、方法、态度来确定自己的行动方略，但万不可生活在别人的目光下。一个活在别人标准和眼光中的人，往往只能在比对中或得意或失落，而从来都不曾体会过展现自我的快乐。

郎朗成功了，有人以为他就是自己的意义所在。于是，在黑白琴键上疯狂地透支生命，最终收效甚微、迷失方向，落得一场得不偿失的人生悔悟。韩寒写作成功、丁俊晖举杆成名、李娜挥拍耀世、旭日阳刚一唱圆梦……每一个成功者的背影里总有一群寻梦者的追随，并且认定这才是最有意义的。

成功不是嫁接，意义并非硬套，不是每件事都非要有意义不可。很多时候，我们内心的满足来自于别人目光折射回来的色彩基调：别人羡慕我们，自己就感到很满足；别人觉得他们自己很幸福，我们就会拿自己的生活与之相比。将自己的生活放置在别人的标准和意义中，漫漫人生一路走来，该是怎样的悲哀和痛苦？当我们总是把“别人的意义”作为终极目标时，就会陷入物欲设下的圈套。

一个师范大学大四的男孩，历时半个月，行程3700多公里，搭了25辆顺风车，从南京回到乌鲁木齐的家。他的浪漫与风险相随的壮举，在网络上飞溅起无数浪花。有人将此上升为“检测中国人信任感的行为艺术”。面对这样的高度，他回应说：“不是每件事都非要有意义。”与其说他此行是行为艺术，不如说他的回答是振聋发聩的至理凡言。

走遍了全世界，也不过是想找一条走向内心的路。幸福如人饮水，冷暖自知。你不是我，怎知我走过的路，看过的风景，和心中的苦与乐。站在山上放眼眺望山河的行者，背着一个行囊走走停停，让自然的风光洗刷掉内心的阴霾，那是他的快意人生；山间汗流浃背的挑夫，趁着歇息的功夫，拿草帽当扇，饮一口小酒，吃几粒花生，那是他的悠然自得。生活就像鞋子，别人眼里看到的永远只是款式和颜色，舒不舒服，只有脚最清楚。

看看大自然中的一切我们便会明白，真实导向美丽，经历成就意义。

一泓静谧的湖泊，没有飞流直下的气势，也鲜有辽阔无垠的广域，却仍旧安然地守望着一方幽蓝；一朵洁白的云彩，没有太阳的耀眼光芒，也没有彩虹的灿烂色彩，却依然自在地漂游着一片纯净。有的鼎沸，有的安详；有的华丽，有的淡雅。人生如是，不必预先设置那些外在的意义，顺其自然，浑然天成，便是对心灵最诚实的交代，便没有错过属于你的一生。

不随便以一种基调定格人生

在梦想面前立刻出发，这一点毋庸置疑。然而，在勇于追梦、立刻出发的路上，也需要对生活更加细致的观察和体悟，也需要有慢一点的心态和智慧。快节奏的梦想、立刻出发和偶尔的慢生活之间，其实是有着哲学式的情商和关联的。

快与慢，相辅相承才是大道，大开大合才是智慧。

不是所有的“快”都能带来效率，也不是所有的“慢”就都没有出路。好比昙花一现，虽然一瞬间的美丽惹人怜爱，却总因刹那陨落而难以在百花争艳中彰显芳容；参天古树往往都枝繁叶茂，岁月愈长久主干愈挺拔，只因它不急于一时的汲取，百年根基，扎深扎稳，才有了不畏暴风骤雨的威严。

有个男孩出生时比正常婴儿晚了半个多月，母亲因此难产，差点要了性命，这孩子便被周围人视为不祥之兆。长到3岁多了连爸爸妈妈都不会叫，父母担心他是哑巴，曾几度带他到医院检查。后来，他总算开口了，可直到9岁的时候，他讲得每一句话都像是攒足了浑身力气才从牙缝里吃力地挤出来似的，不要说流利，只有家里常和他在一起的亲人才能连蒙带猜的明白他的意思。

二年级的暑假，老师在成绩册的最后给他的评价是“智力迟钝，不守纪律”，并且毫不客气地对孩子的父亲说：“你的儿子将来不会有什么出息。”这让这个“事事做不好，处处不招人喜欢”的10岁男孩很自卑，甚至想到了逃学。

有一天，父亲带他到郊外散心，来到两棵树前，一高一矮。父亲问他：“你知道那两棵树叫什么吗？”

男孩呆呆地回答：“不知道。”

“爸爸告诉你，高的叫做沙巴，矮的叫冷杉。那么现在你觉得，哪种更珍贵？”

“沙巴树。它长得那么高，肯定比那棵又矮又细的值钱。”

“错了！长得快，木质一定疏松；长得慢，木质坚硬才值钱。而且，贪长的树不成材。你别看沙巴树现在长得疯，三年之后它就越长越慢了，我还没有见过超过10米的沙巴树呢！冷杉就不一样了，它现在长得慢，可是它始终如一地坚持生长，而且寿命极长，活上万年都不成问题。”

父亲看着男孩吃惊的眼神，把他拉到一棵大树面前，努努嘴，示意给男孩看。好家伙！男孩几乎把头抬到了九十度仰望，这是一棵直插云霄、枝繁叶茂的大树。

父亲应时地告诉他：“这就是一棵千年冷杉。”

这回，男孩似乎一下明白了什么，他仰头对父亲说：“爸爸，你是想叫我做一棵树，一棵虽然长得慢但永远向上的冷杉树，对吗？”站在一旁的父亲满眼爱抚地点了点头。

此后，男孩不再逃学。即使再遭到老师和同学怎样的讥讽，他也不沮丧，仍然兴致勃勃地继续做，继续学。在一个个男孩亲手制成的作品前，父亲和孩子一样兴奋高兴，因为他从粗糙的做工中看到了儿子的韧性。

这个男孩的名字，叫爱因斯坦。

漫漫人生路上，无论你的脚步有多快，也都无法预知下一站的风景会是什么。与其辛苦追赶，不如恬淡安然地按照自己的节奏去行走，享受一路上的山川花草、曲水流觞，享受咸淡时的一杯清茶，热烈时的一个拥抱，在色彩缤纷的过程中构画每个人不同的世界。

多少人追求“快”，只是为了不落下；着急地“赶”，只是为了不失去。可有多少人真的清晰地知道什么是“自己的世界”？每个人都有两个世界，一个是“你”的世界，另一个则是“别人希望你”的世界。

梁漱溟先生有本书叫《这个世界会好吗》，其中的一段话说到了人生的根本：人类面临有三大问题，顺序错不得。首先要解决人和物之间的问题，接下来要解决人和人之间的问题，最后，则要解决人和自己内心之间的问题。

随着人生脚步的前行，走着走着，那条生命终点的横线便依稀可见。

终究，人们要面对自己的内心，你是谁？你的世界又是什么？而这种面对，在纷繁复杂的今天，让忙碌的人们无暇思考。而这，是我们都需要的答案。

你我皆行者，各自有天地。如果说，世界上只有一种成功的话，那就是以自己喜欢的方式过一生。你可以不去学应酬、赶场子；可以不去违心地迎合，委屈地服从；可以不像同龄人那般“成熟”“上进”，不随便以一种基调定格人生。

给生活以时间，去把理想实现

蒲公英是一种“有个性”的植物，它并不按照季节来舒展自己的生命，如果没有雨，它们一生一世都不会开花。但凡有一场雨，哪怕雨量再小、时间再短，它们都会抓住这一难得的机会，迅速张开花瓣，并抢在雨水被蒸发干之前，做完受孕、结籽、传播等所有的事情。

把这样的蒲公英花籽埋在花盆里，只要浇水就会开花。中东地区的人们认为，在这个世界上，穷人发展自己、提升自己的机会就像沙漠里的雨水一样少；但是只要拥有了沙漠蒲公英的品性，坚韧生长，默默等待，机会来临时就果敢地抓住，利用一切条件努力向上，就一定能成为了不起的人。

有时，我们的处境就如同沙漠里的蒲公英，转瞬即逝的机会就是沙漠里珍贵而又稀少的雨滴。种子因为努力和等待而日益成长，我们每一个人也只有在干旱恶劣的困境中等待时机，默默积攒力量，才能在得来不易的甘霖中舒展生命。

在前进的道路上，如果没有耐心去等待成功的到来，那么，终将用一生的耐心去面对失败。因为站得高，所以不骄；因为看得远，所以不燥。我们不当懦夫，更不能成为莽夫。面对人生的难题，无需冲动盲目，无需心灰意冷；沉心静气地厚积，终能等到薄发的一天。

生命的过程，其实就是等待的过程。从我们出生开始，日子就一直在等待中度过。只是，有些人等待得急躁，有些人等待得充实，不同的心境决定了不同的宿命。

有一个默默无闻的女孩，骨子里却有着惊人的耐性。

中专毕业的她做了老师，两个月后，感觉这份工作并不适合自己，毅然决然地辞职，只身一人来到北京，报考了中央戏剧学院。

上学期间，同学们争相参演电视剧，可她却从来不争。她知道，现在还不是时候，人生的路还长，不能太急，把内功修炼好了才是最重要的。看着身边的同学一个个出道成名，她依然不急，依然是那样平静。

终于，经过努力，她等到了一只属于她自己的美丽的“孔雀”。凭借扮演电影《孔雀》里的女主角，她一举获得了柏林电影节银熊奖，有人将她捧为“继章子怡之后中国影坛的又一个幸运儿”。这个美丽漂亮的女孩就是张静初。

当花环锦簇、荣誉傍身时，张静初只对外界淡淡一笑，说：“有些人是以长跑的姿态进入跑道的，有些人则以短跑的姿态进入跑道，暂时落后了你不能急躁，必须明白自己是跑长跑的，耐力和定力最重要。人生是一场马拉松，赢到最后才叫赢。”

人生这场马拉松之程，千万别急求一步到位跑到终点，而是需要足够的耐力和技巧，跑过起点，跑过中途，跑向目标。就像上学时体育老师所说，不同的跑步要有不同的技巧：若是50米短跑，需要短时间内爆发所有的力量；若是100米短跑，就得稍稍控制体力，以确保从头到尾都能保持很好的速度；若是400米、800米中长跑，那么一开始就不能太使劲，以确保后段路程的体力；若是1000米以上，那就不能靠急性子和爆发力了，而要靠不紧不慢的持久力和忍耐力。

不要把等待视为一种浪费，那也是行走的姿态。罗马不是一天建成的，成功也并非一气呵成，真正的幸福更是来得缓慢。步伐停下了，可思想还可以运转；事情暂时中止了，可时光仍在流逝；现状或许不堪，可周围的事物却可能悄然发生着变化。

给梦想以时间，静心等待，专心努力，不为外人的偏见所束缚，相信明天，相信未来。就如斯特朗所说：“一切努力都为了追求那事物内在美的实现，千万别丢了理想，丢了信念。要坚信，一切都是为了更美好的未来。别催促上帝的安排，给生活以时间，去把理想实现。”

星期三

不念过去不畏将来，请爱你现在的时光

过去的已经消失，未来的还是未知，唯有此时此刻，才是最真实。别问什么才是最好的活法，生活的道场就在每天的一蔬一饭里，且爱你现在的时光。

亲爱的，请爱你现在的时光

“生命中有一个很奇妙的逻辑，如果你真的过好了每一天，明天还不错。如果你安安稳稳地做好大一学生应该做的事情，你的大四应该不错，可是你大一就开始做大四的事情，我想告诉你，你的‘大五’会很糟糕。”

这是央视名嘴白岩松在给某高校大学生做演讲时所说的一段话，后来，他由此写了一篇文章，题目叫《爱你现在的时光》。其中有相当篇幅，写的是他的一位老大哥，史铁生：

“史铁生是我非常尊敬的一位老大哥，他曾经有这样一段话：当时四肢健全的时候，可以随地奔跑的时候，抱怨周围的环境如何糟糕。突然瘫痪了，坐在了轮椅上。坐在轮椅上的时候，抱怨我怎么坐在了轮椅上，不能行动了，怀念当初可以行走、可以奔跑的日子，他才知道那个时候多么的阳光灿烂。又过了几年，坐不踏实了，长褥疮，各种各样的问题开始出现，突然开始怀念前两年可以安稳地坐在轮椅上的时光，那么的不痛苦，那么的风清日朗。又过了几年，尿毒症，开始怀念当初有褥疮，但是依然可以坐在轮椅上的时光。又过一些年，要透析了，不断的透析，一天清醒的时间越来越少，还是怀念刚得尿毒症那会儿的时光。”

史铁生曾说，生命中永远有一个“更”，还是珍惜现在最好。在那次高校演讲的最后，白岩松说：“爱你现在的时光，过去的已经过去了，较什么劲呢？未来的还没有来，你焦虑什么？如果我们要为未来忧虑的话，可能会有一辈子的机会，难道你会为了你的未来，一辈子地忧虑吗？”

试想，如果今天就是我们生命中的最后一天，又会如何呢？在热播韩剧《我叫金三顺》中，三顺抱着大包小包的东西，途经公交车站，一段广告词让她流下了眼泪：去爱吧，像从来没有受过伤一样；跳舞吧，像没有人欣赏一样；唱歌吧，像没有任何人聆听一样；工作吧，像不需要钱一样；生活吧，像今天是末日一样。

我们完全没必要非等到生命中最后一天的时候，才去认识、去珍惜，也没必要等到回忆往昔时才觉得青春的美好、岁月的留情。就像《飘》里的女主角郝思嘉一样，在心烦意乱的时候总是对自己说：“现在我不要想这些烦恼的事情，等明天再说，毕竟，明天又是新的一天。”昨天成为过去，明天尚未到来，过好此刻才是最真实的。否则，此刻即将消失的时光，又上哪儿去找？

不要再流连于并不属于我们的时光，而忽视唯一拥有的此刻。每一个人的生命中的每一个当下都是独一无二的，它既不是过去的延续，也不是未来的承接。用心体验这一刻所拥有的，用心感受这一刻所度过的时光，我们便会感觉到自己的思想和情绪，从而因感受到自己的存在而快乐。

作家斯宾塞·约翰逊写过一本书，名叫《礼物》，讲述的是一位充满智慧的老人告诉孩子，世上有一个特别的礼物，可以让人生更成功更快乐，可这个礼物只有靠自己的力量才能找到。于是，这个孩子从童年到青年，用尽所有的办法四处找寻。只是奇怪的是，越拼命去找，他就感到越不快乐，那份他生命中的礼物自始至终也没有出现。终于，年轻人决定放弃，不再漫无目的地去追寻。然而就在这时他赫然发现，那份礼物原来一直在他的身边，这个人生中最好的礼物就是——“此刻”。

生活中，包括你我在内的许多人都在寻觅有形的“礼物”，却往往忽略自己早已拥有的无形“此刻”。在这个充满不安和焦虑的时代，也许这份“礼物”更能帮助我们重新发现生活的真谛。

生命中最宝贵的，正是我们现在度过的时光。正如某奢侈品手表的广告词：at the moment，意为“尊享此刻”。时间的针脚一分一秒地在手腕上流走，悄无声息地带走了我们的青春、容颜和躯体，同时，它也滴答滴答地细数着生命片刻的美丽。

谨以阿根廷诗人博尔赫斯的一首《此刻》，与你共享：

“如果我能够重新活一次，在下一生——我将试着，犯更多的错误，我不再设法做得这样完美，我将让自己多一点放松，我将变得更加愚蠢——比起我现在，事实上，我将认真地做更少的事，我将不那么讲卫生，我将冒更多的风险，我将更多去旅行，我将看更多的落日，我将爬更多的高山，我将在更多的河水中游泳，我将去更多地方——那些我没有去过的，我将吃更多的冰奶酪和更少的酸橙豆，我将问更多真实的问题——少问那些假想的。”

“就像那些人中间的一个，我会，谨慎而丰富地，活在我生命里的每一时刻，当然，我也会有许多欢乐的瞬间——可是，如果我能重新活着，我将试着只要那些好的瞬间。如果你不知道——怎样建造那样的生活，那就不要丢掉了现在！”

生命何须急切地去证明什么

区书法比赛二等奖、市创意大赛一等奖、区级三好学生、优秀干部、连续三年二等奖学金……从小到大，诸多的奖状与光环伴着他一路走来，渐渐的在他心里只有“更好”，这次的成绩所得到的肯定催促着他追寻下一次成功的脚步，愈加急迫。

就在马上要拿到大学期间最后一次奖学金时，他病倒了。醒来时，ICU病房，一个方方正正的监视仪，从上到下显示着四行数字。那时，一米七几的个子不到90斤（45公斤），体温35摄氏度。

无疑，休息静养，营养支持；无疑，父母操碎了心思跑断了腿，历尽暑往又寒来。一向以“能用奖学金交学费”自豪的他，这一次，花了家里好几万；一向以“别人家的孩子”窃喜的他，这一次，让父母熬白了头。

在医院里，他收到了英语六级考试的通知，却因为身体尚为虚弱而未获准出院，不得不放弃了报名；接着，他陆续听到了同学们去各个牛X单位实习的消息，却仍因身体亏损严重而不得不继续住院治疗。

他“失败”了。

好在，临毕业时他终于勉强康复出院完成了论文答辩，参加了毕业合影，拿到了象征学位的硬皮本；好在，在这一切还没办妥之前，家人就托熟人给他找到了一份工作。

这是一份与他专业完全不对口的工作，但却是一家世界500强的企业。接下来的一年半，他拼了命地克服一切困难，拼了命地与自己本不健壮的身体对抗，只为了他心中的“更好”，为了证明给父母周围的亲戚朋友看，他们的儿子虽然“走过一段弯路”却也还算有出息——“是的，我需要快速恢复、建立自信心！”他在博客中写道。

后来？后来，他如愿以偿地获得了几乎公司所有的奖励，和上学时一样，业绩标兵，年终大奖。可是后来，他身体的大坝再次垮塌，不得不辞职休养。

临走时他哭了，出人意料的，不是不舍，是压抑许久的心声：“我早就想能有这么一天，可以彻彻底底的休息，可以请假不算考勤不影响我年度评奖，我每个夜晚每个凌晨都如此渴望，可是我却必须熬下去，我要补回那段失败的时光……”

领导请他喝酒，一口闷了一杯酒跟他说：“你还年轻，别想那么多，做该做的事，别那么急切地想要去证明什么，一步步来，只要你踏踏实实做该做的事，到时间都会有的。守得住，慢慢来。”

我们总是对短期收益期望过高，却对长期收益期望过低。现实生活中，多少人不断倒在“成为更好的人”这句充斥着“更高、更快、更强”的励志腔调中。

成为更好的人？如果今天陪家人在午后的阳光下漫无目的地闲聊一下午，讲述童年、成长、家庭琐事，算不算是另一种收获？如果今天没有读陀思妥耶夫斯基，没有跟进名人博客，没有刷新微博，只是给自己摆弄了一桌精致的下午茶，躺在恋人的臂弯里发呆，算不算另一种得到？

生命哪里用得着那么急切地去证明什么？即使无法改变一些现实，也该努力试着去共同承受。我们必须学会尊重事物内在的变化规律，而不是夸大速成之力。现实的改变需要时间，我们也需要耐心。真正沉浸到生活中而非急着建功立业，这样才能体味到“如同中药和老火汤，一个时辰一个时辰熬出来”之后沉淀析出的味道。

生活更美好的可能性，恰恰就在于缓缓经历的一步步、默默感知的一天天。

尚未发生的事，何必去推演

你有没有过这样的时候：工作日起晚了，不禁慌乱起来，“坏了！我一定会赶上堵车，要是迟到，老板肯定会对我不高兴，要是他气炸了，说不定会要我走人，万一我失业了，房屋贷款还有一大堆等着支付的信用卡账单该怎么办？要是不能及时找到工作的话，不但信用破产，房子也会被查封。房子如果没了，我能住在哪儿？没钱又没地方可去，我一定会饥寒交迫，搞不好还会有更惨的横尸街头呢！而这些都是因为今天起晚了！”

或许你会觉得这样的“推演”未免夸张了些，但在我们实际生活中，类似这样的杯弓蛇影几乎每个人都曾有过。我们都在患得患失的期待中战战兢兢地过活，害怕今天所有的一切明天就会幻化成泡影，由此的恐惧也就油然而生。

就像这样一则故事中的主人公，看似夸张可笑，却足以让我们自省：

有个叫山姆的中年人这天下午路过法庭，看见一堆人把那儿围了个水泄不通，上前一问才知道，历时两个月的公审马上就要在这里开始了。出于好奇，山姆也挤了进去，在后排的一个旁听席坐下。

庭审开始，只见被告身着西装，款式竟和山姆的衣服一模一样，他被指控故意伤人。控方的证据是被告具备作案时间，而被告辩护的理由则是案发当天下午他一直在家。只是，在近两个小时的法庭调查和辩论中，被告都未能拿出证据证明案发当天下午他在家而不在案发现场。结果，被告最后被宣判有罪。

这让坐在旁听席上的山姆大惊失色——这样一来，如果以后万一有什么事情和我有关，我又怎么能证明自己的清白？想到这里，山姆心里一抽，一股凉气从背后袭来。他连忙问坐在旁边的一位戴夹鼻眼镜的先生："请问先生叫什么名字？"对方回答说："我叫弗兰德。"山姆赶忙说明："我叫山姆，我想，你能证明我今天下午一直在法庭。"没想到弗兰德先生却说："对不起，我只能证明你现在在法庭，至于你跟我说话前是否在法庭，我不能证明。"这下，山姆更着急了："整个下午我都跟你坐在一起，我一步都没有离开过这个座位，你怎么不能证明呢？"刚刚走下审判台的法官看见两个人在纠缠，便走了过来。山姆三步并作两步地拦住了法官，说："我确确实实整个下午都在法庭，我一直坐在他的旁边。"法官说："你自己说了没用，你得有证人！有人证明你今天下午都在法庭吗？"山姆望着弗兰德，弗兰德摇摇头。法官说："幸好还没有人指控你！"山姆惊出一身大汗。

出了法庭，山姆忧心忡忡地上了公共汽车，他拿着售票员撕给他的票问："你这票能够证明我今天下午五点左右在你们车上吗？"售票员对于眼前这个人奇怪的发问不知所措，只能说："我们的票只能证明你乘过我们的车，而不能证明你在什么时间乘的车。"山姆小心翼翼地把车票放进内衣口袋。临下车前，他问售票员："请问小姐芳名？"售票员说："我叫玛丽娜。"山姆指着自己的额头说："我叫山姆。记住，我这儿有个刀疤。"

下了车，山姆连家门都没进，就直接奔向邻居家。他敲开邻居家的门，上来就突兀地说道："你看见了，我现在进门了，你能证明我到了家，我在家里。"说完，山姆才喘了一口气回到自己家里，一头倒在沙发上睡着了。

由于神经过于紧张，山姆忽然从梦中惊醒，好像想起了什么，兴冲冲地来开门，又走到邻居家前："你看到了，我在家里。"对方显然被山姆的行为惹烦了，冷冷地回答道："我只能证明你两次敲过我家门的时候你在这里，至于其他时间你是否在家，请谅解，我不能证明。"

听到这样的回答，山姆急得在屋里乱转，忽然看到了床头柜上的电话机。他拨通了一个朋友的电话，说："我打电话给你，是想让你证明我在家，万一将来有人指控我，你可以为我证明。"电话那边传来回声："从来电显示看，你是在家。但我只能证明你给我打电话的时候在家，至于不打电话的时候你是否在家，对不起，我不能证明。"

就这样，山姆不断敲邻居的门，不断打朋友的电话。夜深了，他躺在床上，想到法庭上那个被判有罪的人，发现自己竟和他一样，一直都是一个人生活，一直过着没有证人的生活，这是多么危险。万一以后有人指控他，他可能会跟那个被告一样，因为没有证人而被判有罪的。山姆越想越恐惧，他再也不能一个人生活了，他决定天一亮就立刻去找个证人来，和自己一起生活。

我们的很多忧虑都像山姆一样，是自己给自己添加的，我们经常因为莫须有的缘故而陷入恐慌。但凡稍作冷静就会发现，那不过是杞人忧天罢了。

《圣经》中写道："不要为生命忧虑吃什么、喝什么，为身体忧虑穿什么。生命不胜于饮食吗？身体不胜于衣裳吗？你们看那天上的飞鸟，也不种，也不收，也不积蓄在仓里，你们的天父尚且养活它。你们不比飞鸟贵重得多吗？你们哪一个能用思虑使寿数增加一刻呢？那又何必为衣裳而忧虑？就像野地里的百合花，你们看它是怎样生长，它也不劳苦，也不纺线，然而我告诉你们：就是所罗门极荣华的时候，他所穿戴的还不如这朵花呢！野地里的草今天还在，明天就丢掉炉里，神还给它这样的装饰，何况你们呢！所以，不要为明天忧虑，因为明天自有明天的忧虑；一天的难处一天当就够了。"

过度的忧虑只能让渐渐老去的生命丢失掉本该属于我们的快乐与幸福，纵然再后悔再觉醒，也都无济于事。所以请记住这一点：无论你多么忧虑，哪怕让自己的一生都在忧虑中度过，也无法解决任何问题。那么，就让我们珍惜获得快乐的权利，带着笑容好好地生活吧！

所有不开心都是对生命的辜负

据说，非洲有一个部落，婴儿刚生下来就“获得”60岁的寿命。随着婴儿的成长，他的年龄会逐年递减，直至0岁。他所有的人生大事，都要在这60年里完成，此后的岁月只需要颐养天年就行了。

多么独特的计岁方法，多么睿智的人生智慧啊！也许，在这个部落的人看来，生命就是从上天手中“借来”的一段岁月而已，过一年就要“还”一岁，直到生命终止。这种方式往往会让人产生一种紧迫感，迫不及待地珍惜生命，每一个不曾起舞的日子，每一个不开心的日子，都会被视为对生命的辜负。

我们呢？一方面感慨着年华的逝去，一方面却又觉得日子还长，任由自己懈怠着、懦弱着、放纵着，还总沉浸在怨天尤人、沮丧不悦的情绪中，让时间和生命一点点地从指缝里溜走。那些大好的时光，全都蹉跎在了不开心的日子里。

由于家庭破败且从小就有残疾，基尔总觉得人生索然无味。

一个晴朗的日子，基尔找到牧师，诉说自己的心事。牧师听完后，指着窗外一排高大的枫树，让基尔看那树木之间悬吊着的破旧的粗绳索，并说："60年前，这儿的庄园主种下的这些树，他在树间牵拉了许多粗绳索。对于嫩弱的小树来说，这太残酷了，因为创伤是终生的。有些树面对残忍的现实，能与命运抗争；有些树消极地诅咒命运，结果就完全不同了。眼前这排粗壮的枫树，表面上看不出什么疤痕，但它们在成长的过程中，已经把绳索包进了树干里。这，真是一个奇迹。"

基尔沉默了，牧师看着他，继续说："关于这些树，我想过很多。只有体内强大的生命力才可能战胜绳索带来的终生创伤，而不是毁掉自己宝贵的生命。对人来说，解忧的办法很多，痛苦的时候可以找人倾诉、找点事做；对待不幸，要有清醒客观的认识，尽量抛弃那些怨恨、嫉妒的情感负担。但有一点，也许是最重要的，也是最困难的，那就是你当尽一切努力愉悦自己，真正地爱自己。"

散文大师张中行说过："快不快乐，完全是由自己的想法决定。"

也许，命运和生活给了我们不同的磨难和考验，但这并不意味着我们要为此付出一生不幸福的代价。不要人为地去给快乐这件事附加什么条件，诸如得到了某件东西，拥有了某个人，得到什么样的经济条件，其实快乐没那么复杂，也不需要那么多的条件。只要你想，此地此时此刻，你就能哼着歌，让心灵翩翩起舞。

夏日的寺庙里，小和尚看着寺院里那些枯黄萎靡的草地对师父说：

“师父啊，这片草地已经变得枯萎了，这光秃的草地真是太损坏我们寺院的美观了，我们应该抓紧时间在这些枯萎的草地上撒些草籽。”师父笑了笑，对他说：“随时！”

寺里太忙，看看许多天过去了，师父还是没有种草的意思，小和尚心里焦急，便去向师父索要草籽，师父将一包草籽交给他。小和尚高高兴兴地拿着草籽去播撒。

可是，正当小和尚忙得不亦乐乎时，忽然大风四起，很多种子还没来得及撒便被大风吹走了，小和尚焦急地大喊起来：“师父，不好了，您给的草籽都被大风吹跑了。”

师父看到焦急地小和尚，说：“不要紧，那些被吹走的草籽，大多也是空的，即便种下也未必会发芽，还请徒儿随性一点，任它去吧！”

小和尚便返回草地，把还剩下的草籽播撒到枯萎的草地上，可是，刚刚撒完，一群麻雀成群结队地飞落在草地上，它们叽叽喳喳，不停地啄食着刚撒在地上的草籽。“哎呀！不好，这么多的麻雀，草籽非被它们吃光不可，这下如何是好啊！”小和尚被眼前的景象急恼得抓耳挠腮，忐忑不安。

师傅看着小和尚的模样，说：“不要紧，任它吃完，我们再撒，徒儿随遇！”

鸟儿飞走了，他们又撒了一些草籽。不曾想，是日夜晚，天上突然下起了倾盆大雨，白天种的草籽被大雨冲刷得面目全非。清晨一大早，小和尚一看凌乱的草地和那些被冲的草籽，飞一样冲进师父的禅房：“师父，太糟糕了，昨天的草籽全被暴雨给冲走了！”

正在打坐的师父听了后，微笑着对小和尚说：“冲到哪儿就让它在哪儿发芽吧！徒儿随缘！”

几天之后，那枯死的草地上，竟然冒出了许多嫩绿的小草芽，就连很多没有播撒草籽的墙角里也一片生机盎然。小和尚非常高兴，跑去告诉师父。

师父点点头：“徒儿随喜！”

好一个“随喜”，外物纷扰，我心随喜，这是多大的智慧啊！

当不了别人的主角，难能成为世界的主宰，但却永远可以做自己生活的主角，做自己心情的主人，何苦非要强求别人恩赐的一点点快乐和幸福呢？苦也一日乐也一日，外界还是那样的颜色，丝毫不会为我所动，而心情完全可以为我所控。许多时候，不是周围的事物打扰了你的快乐，而是你在纷乱的事物中，丢失了一份快乐的心。

未来的日子里，请记住阿根廷诗人博尔赫斯的那首小诗——《此刻》：“就像那些人中间的一个，我会，谨慎而丰富地，活在我生命里的每一时刻，当然，我也会有许多欢乐的瞬间——可是，如果我能重新活着，我将试着只要那些好的瞬间。如果你不知道——怎样建造那样的生活，那就不要丢掉了现在！”

生活终是自己的，与他人无关

某一线词作者在接受采访时，这样说及他的“独门快乐秘籍”：“忘记痛苦，幸福就活得越来越久；忘记衰老，年轻就活在岁月深处；忘记伤害，温暖就活在无辜的眼睛里；因为你爱别人，别人才会更爱你。”

我们无法让名誉、收入，以及潜在的客户、追随者的期待都达到自我想象的预期，所以要尽可能避免对“完美”的执迷不悟，多对自己说一句“已经够好了”；从踮着脚尖眼巴巴地张望着，转而去做一些力所能及的事——那才是具有现实意义的。合理的计划、坚韧的信心，从挫败中获得的经验教训——这些才是有可能让你值得欣慰的资本。

几年前的一对新婚夫妇，经过琐碎生活日复一日的打磨，当时海誓山盟的激情和卿卿我我的甜蜜越来越淡，他们开始面对日益艰难的生计。

其实，他们也并非是捉襟见肘，只是确实，还“比上不足”。为此，妻子整天为更富足的生活而闷闷不乐。她总想，要是有了更多的钱，他们就能吃得更好，穿得更好，用得更好……可是眼下，他们的钱太少了，少得只够维持最基本的日常开支。

丈夫却是个很乐观的人，在生活中不断寻找机会开导妻子。

一天，他们去医院看望一个朋友。朋友向他们诉苦，说自己的病是被累出来的，常常为了挣钱不吃饭、不睡觉。

回到家里，丈夫就问妻子："如果现在给你一笔钱，但同时让你跟他一样躺在医院里，你同意吗？"

妻子想了想，说："不同意。"

过了几天，他们去郊外散步时，经过路边的一幢漂亮别墅。正好，从别墅里走出来一对白发苍苍的老者。丈夫又问妻子："假如现在就让你住上这样的别墅，但同时要变得跟他们一样老，你愿意不愿意？"

妻子不假思索地回答："我才不愿意呢。"

又过了一段时间，某天晚上，夫妻二人在家吃晚饭时，看到电视里播报的一条新闻：他们所在的城市破获了一起重大团伙抢劫案，主犯因抢劫数额巨大（一百万），而被法院依法判处死刑。

此时，丈夫看着妻子，问道："假如给你一百万，让你马上像他一样去死，你干不干？"

妻子生气了："你胡说什么呀？给我一座金山我也不干！"

丈夫笑了："这就对了。你看，我们现在其实已经够好的了：我们拥有生命，拥有青春和健康，这些财富已经远远超过了一百万；此外，我们还有可以劳动创造财富的双手，你还愁什么呢？"

妻子半晌没有说话，把丈夫的话细细地品味了一番，觉得很有道理。从此，她也变得快乐了起来。

契诃夫说："要是你的手指头扎了一根刺，那你应当高兴，因为这根刺没扎在你的眼睛里。要是你的火柴在衣袋里燃烧起来了，那你也应当高兴，因为你的衣袋不是火药库……"的确，知足才能常乐。知道"足"与"不足"的区别，知道"够用就好"的道理。

生活摆在每个人面前的容貌都是一样的，有的人比喻它是七彩绸缎，而有的人却形容它是一团乱麻；有人说生活是杯中酒、碗中茶，也有人说生活就是油盐酱醋、甜酸苦辣。一把躺椅、一杯清茶、一本好书，某人就能常乐；住上别墅、开上跑车、拥有爱情，某人却不乐——不同的只是各人的心境罢了。

生活有如一条河流，伴随着走过的痕迹，无论怎样斗转星移，都能用"不与他人比较"的心态接受所有的色彩。正如法国思想家伏尔泰所说："能够享受平淡生活的人们，才能真正领悟人生的真谛。"

一个人有躯体，不一定有生命；有生命，却不一定有灵魂；有了灵魂，不一定有感情；有了感情，不一定有生活——只有生活才是我们的载体。别再把自己的生活置放在别人的标准和目光中，站稳自己的重心，理性地看待"够"与"不够"，好与不好，便不会再有参照系的比对和落差。

过得好的艺术是不再患得患失

“塞翁失马”的故事在中国流传千年，它生动地说明了得失的相对性和不可预料性。在一定的时间、条件下，好事和坏事可以互相转换，得与失、祸与福总是相依相成。对此，西方哲学家尼采曾指出，“不患得患失，是活得久、过得好的艺术”。

在患得患失中摇摆一生的人，无疑总会被踌躇、焦虑所困扰，生命也因此加速衰老；能安然对待的人，对于得与失早已释然并通解，总能看到杯子里的一半水，自然能更多地体会到生活的美妙。

我们总认为得到本就理所当然，失去反而是一种非常态。所以，每每失去，就不免感伤和追忆。其实，漫漫人生本就是一个不断得而复失、失而复得的过程，得失相伴随时出现。人生苦短的叹息，花开花落的无奈，即使诗画中也是风雨和阳光同在。这才是大自然的规律，也是普通人的平凡生活。有了这样的认识，我们便应该尽量历练自己坦然的心态、洒脱的性格，得到时珍惜，失去时放手；安然于两者之间，便不会再有那么多

“常戚戚”的纠结。

世间没有哪件事是完完全全有利或有弊的，我们做出任何选择都会有得亦有失，只是程度深浅大小远近的问题。所以，当宏观审视全局考量后，一旦做出决定认定目标，就不要再想着另一面“消极”的影响，只管义无反顾跨步前进。瞻前顾后，患得患失，只会让人错失机会，竹篮打水。

当我们能从更宏观、更长远的层面看待人生，很多时候就不会那么斤斤计较了。看透了得与失相互转化的关系，就会逐渐培养出“得之我幸，失之我命”的淡然心态。这样，自然会活得自在、安然而快乐，明智的生活态度也正在于此，就像这位早已对得失释然的老人：

老人久居山野村落，日出而作日落而息，养养花、种种菜，颇有“采菊东篱下，悠然见南山”的五柳先生之风。

每天早晨，老人都要去离家半里地的水井处挑水，往返于两次。日子久了，水桶难免就有点毛病，滴滴答答漏一路，随着老人的足迹留下长长一行。路人提醒他说：“您该换个水桶了！”老人家笑笑不语，依旧挑着旧水桶来，挑着旧水桶去。

后来，仍不断有好心人提醒，老人除了感谢之外，依然没有任何改变。邻居终于不解地问道：“您那么辛苦地挑了一担水，可用这漏水桶挑一路，等到家了至少也漏掉了一半。这么白费力气，何不换一个好桶呢？”

老人坦然一笑，说：“我没有白费力气啊。你回头看看，这一路走来，我桶里漏的水不正好都浇了路边的花草吗？你看它们长得多好啊！”

漫漫人生长河中，哪里会只有一种状态？当时的失去，令人不免哀叹感慨，可一切沉淀之后，再回过头去看，反而感到内心满满，和人生的富足。从各种或失败或成功的故事中，我们能更加深刻地体会到“性格决定命运”的含义，正如印度有句谚语所说：“播种性格，收获命运。”当我们对失去耿耿于怀时，可能就在不经意间有了另一番收获。

月亮的残缺并没有影响到它的皎洁，人生的遗憾也不该遮掩住她的美丽。即使失去了唯一的帆，也不必向暴风雨乞讨，因为我们还有桨，依旧可以到达彼岸；即使韶光易逝，青春不再，也不必向岁月低声下气，因为我们还有壮年与老年，依旧可以创造美妙。

寻常人家寻常日，比什么都幸福

大学毕业后，志宏去了离家几百里地的一座城市工作，只有逢年过节才能回一趟家。每次回去，他都尽可能地帮家里多干点活，以尽自己平时未能尽的孝心。

中秋节回家，志宏主动去帮母亲提水。看着母亲眼角露出的欣慰笑容，志宏觉得他自己长大了，必须更加努力工作，让母亲过上更好的生活。

两里地外的山上有一口压水井，志宏把水桶放在出水口下，用力按压，出水口的井水喷涌而出。不一会儿，两只水桶里便盛满了清澈的井水。

一路小心翼翼地把水桶挑回了家，母亲从厨房出来，看都没看一眼，便喊着："宏仔，你莫把水装得太满，满水不供家哩！"

志宏想着母亲可能是心疼自己，便满不在意地说："没事，我提得动！"

没想到，当他把两只水桶放到地上的时候才发现，原来满水的木桶现在少了一大截。

母亲这时才说："你看，你装得太满，以为能多打点水回来，但实际早就在路上泼湿了地面。"

志宏没有去理会桶里的水，而是疑惑不解地问："妈，'满水不供家'是什么意思？"

母亲说："水装得太满了，不就泼了吗？做什么事都是这样，不能太过头了。"

满水不供家，说起来更像是人生的道理。行色匆匆中，太多的人似乎只关注还有多少成绩没取得，还有多少工作没完成，还有多少指标没达成，还有多少先进没争取。他们把自己的人生设计得太满，也就有了更多的欲望，从而在愈加急速的赶路中无法停歇。要知道，欲望的产生永远比满足欲望的手段跑得更快，欲望的满足只存在于完成时的那一刻，而后，人们就对它再也没有兴趣了。

花未全开月半圆。凡事不能过度地充满，正所谓物极必反，水满则溢。一味地追求和索取，实际上看到的只是脚下那一亩三分地，从没有把生命的旅程看得再远一些。最终只会如鸟翼系上了黄金一般，举步艰难。

著名台湾女作家龙应台说过：幸福就是，寻常的日子依旧，寻常的人儿依旧。幸福就是那一刻——每天早晨睁开眼，脑子里划过第一个人的画面，微笑便随之而来；幸福就是那一刻——鬓角斑白、后背微驼的亲人，还能自己走到街角买一锅豆腐脑两个烧饼回头叫你起床；幸福就是那一刻——在晚餐的灯光下，一家人围坐在一张桌子旁，年少的仍旧叽叽喳喳谈自己的学校，年老的仍旧唠唠叨叨谈自己的假牙；幸福就是那一刻——每次购物时，看到自己心仪的东西后，并没马上把它买下，而是犹豫再三后去买了他（她）需要的；幸福就是那一刻——一个寻常下午，和你同住一个小区的人打来电话平淡问道：“我们正要去买菜，要不要帮你带点什么？”

在龙应台的书中，她说：“幸福就是，你仍旧能看见，在长途巴士站的长凳上，一个婴儿抱着母亲丰满的乳房用力吸吮，眼睛闭着，睫毛长长地翘起。两个老人坐在水池边依偎着看金鱼，手牵着手。春天的木棉开出第一朵迫不及待的红花。清晨4点小鸟忍不住开始喧闹，一只鹅在薄冰上滑倒，冬天的阳光照在你微微仰起的脸上。”

生活中有很多司空见惯的微琐细节，像一粒粒念珠，串在一起便成了生活的圆。岁月流走了秋冬，又流走了春夏，可总有一些恒久不变的感动：家人、同事、朋友；一声问候、两杯粗茶、三餐淡饭……我们又可曾细细品味?

几年前，网络上流传的一本点击量超过数百万次的日记让人们几乎在一夜之间就知晓了一个名字：于娟。她是复旦大学社会学系优秀青年教师，而那时，她也是一名晚期癌症患者。

“癌症是我人生的分水岭。别人看来我人生尽毁，其实我很奇怪为什么反而癌症这半年，除却病痛，自己居然如此容易快乐。我不是高僧，若不是这病患，自然放不下尘世。这场癌症却让我不得不放下一切。如此一来，索性简单了，索性真的很容易快乐。名利权情，没有一样不辛苦，却没有一样可以带去。”

只是，再怎么样充满才情，再怎么样努力奋斗，也没能拉住死神带走这个女子的脚步。2011年初春，于娟因乳腺癌晚期永远地离开了这个世界，只留下了一本“拿命写就”的书《此生未完成》。“我蛮希望很多人能够看到我的悲剧，然后去更改他们走向悲剧的这样一个方向，重新审视真正的生活是什么。”

蜡烛不能两头点，精力不可过分耗。在这个纷扰繁忙的世界里，做一个不要每天都与时间赛跑的人，不慌不忙，静心养性。留一段时间给自己，整理思绪，阅读学习，愉悦身心。心灯点亮的前提是自身必须要有灯捻，平安喜乐地品尝慢趣，充分感受生命的美好，这才是幸福的节奏。

梭罗曾说：“如果没有出生在世，我就无法听到踩在脚底的雪发出的吱吱声，无法闻到木材燃烧的香味，也无法看到人们眼中爱的光芒……能活在世间，是一件多么幸运的事！我为什么不尽情地享受生活的每一天？”

其实，一切“平常”都比“非常”要好。生活不需要惊天动地、轰轰烈烈，不需要灯红酒绿、五光十色；只需要寻常人家寻常日，微琐温情真挚爱。

星期四

无须偏执地逞强，时间会慢慢为你疗伤

没有谁能够坚强到原地复活，不要让自己偏执地逞强。允许自己懦弱，允许自己不知所措，给自己一点时间，给自己一些期限，慢慢养出生命里最安静的坚强，最自然的坚韧。

容得下自己，才能容得下世界

启蒙运动之父伏尔泰说：“让我们原谅彼此的愚蠢吧，因为这是人性的弱点。”“人非圣贤，孰能无过？”甚至在神话里连神灵都可以原谅自己，那么我等凡人在面对自己的失误时，又为什么要一味地指责自己呢?

过度的自我批评并不能让“我”感到如释重负，反而会更加重了沮丧的心情。所以，与其深陷自责，不如积极调整心态，向自己道个歉，这样才能重新收获快乐。

玛莉亚夫人每天都要走到一里地外的垃圾回收站去扔垃圾，儿子凯特心疼母亲，特意找了一家垃圾搬运服务公司“上门收取”。协议很顺利地就谈了下来，只不过最后对方提出了一个小要求：消费者要将自己的地址标记在垃圾箱上。

这对凯特来说简直是轻而易举的事情。他当天下午就去市场上买了一罐喷雾油漆，在自家垃圾箱上喷上了门牌号。然后把空垃圾箱暂时放到了自己汽车的后备箱中，准备明日待用。

当凯特开车回到家里正要关上车门上楼时，突然发现一些白油漆涂在了坐椅的后面。这让凯特心里很不舒服，想尽办法去掉这些油漆，但这时它已牢牢地粘上了，无论如何使劲也无法将它们擦除。

接下来的几天，凯特只要一开车就会注意到这片油漆，心里非常别扭，总抱怨当时自己怎么那么笨，脑海里不断出现这样的声音：“为什么你当时没有注意到这个错误，要是早点擦除的话，现在什么事情都没有。就是因为你的笨手笨脚，让汽车座位看上去像现在这么难看，这一切只能由你自己承担！”就这样，凯特为此事一连烦恼了很多天，几乎每天他都会把自己数落一遍。

后来有一天，凯特陪一位朋友到当地的五金商店去买一些涂料。在一个架子上他发现了一个写着“消除错误”的小罐子——一种可去掉油漆和其他难去除污染的去除剂。这让凯特的眼前一亮，赶紧买了一罐。回到家后，凯特迫不及待地按照说明清洗着那些困扰他的污痕。令他高兴的是，污痕立刻就不见了。

看着崭新的汽车，凯特突然意识到：其实那件事根本没有想象中的严重，任何罪过都是可宽恕的，任何过失都不该总是耿耿于怀。否则，永远会沉陷在无尽的自责中，永远体会不到快乐的感觉。

要明白，没有人能够十全十美。与其背着一大袋子罪恶感过活，不如把失误与自责化为继续前进的推力。接受自己的优点，也接受自己的缺点，这才能保持心态上的平衡。

错误也好闪失也罢，一个不可改变的事实是：都已经是过去式了。正如莎士比亚所说：“过去的就让它过去吧！”未来还有那么长的路要走，又何必把自己囿于一时一事的失误上？更何况，错误并不是罪过，不必总是斤斤计较甚至刻薄待己。对自己说声对不起，总结经验下回注意；适时甩掉过去的包袱，才能轻装上阵。

无法正视现实、无法原谅自己，是很多自我苛求者的症结所在，因为他们始终不愿承担厄运所带来的后果。虽然每个人都有可能遭遇由于自己失误而造成的影响，但运气不济却并不一定要选择自暴自弃。既然已经为了这次错误而付出了惨痛的代价，就不该再为难自己，继续为它买单。宽容自己，重新开始，也是让自己的人生之路无形拉长的智慧。

还有的人，看到自身的不足或性格上的缺点，就妄自菲薄，认为自己是邪恶的、难成大器的，因此一蹶不振。其实，我们应当懂得，少许性格缺点不能说明我们就是不受欢迎的人，更不是我们痛苦的理由。只有学会适当地宽容自己，才能保持内心的平静。

前不久，菲递交了辞呈，上面写着“因个人身体原因，无法承担工作岗位所赋予的职责……”现在的她，已经对公司内部的人际关系失去了信心，没有起色的业绩也总让她觉得喘不过气。这一切还得从一年多前菲刚进公司说起。

那时初来乍到，菲雄心壮志准备好好踢好自己职业生涯的第一脚。因此，她在各方面都很努力，也获得了不错的成绩，在同时期进入公司的同事中出类拔萃，因此也备受关注。

后来一次千载难逢的机会，让菲倍加重视：她负责一个企划案，如果顺利完成，就有可能提升到总公司任职更高一级的岗位。但就在客户来参观的那天，由于过度紧张，菲一直胃不舒服，甚至忘了带事先准备好的资料……谈判的结果可想而知。

自那以后，菲就总是对自己的那次失误悔恨不已，无法自拔，由此又失去了一些机会。这让她更加懊丧，仿佛走进了一个怪圈。在菲的心里时常出现两种声音，一边说：“我以后一定要好好把握机会”，一边又忍不住咒骂自己：“看来我可能真的不适合这份工作！否则为什么总是在关键时刻犯下一些自己无法原谅的错误呢？”

像被魔咒附身一样，菲越这么想，她自己就越无法释怀。更糟糕的是，菲开始惩罚自己：经常不吃饭，想通了又暴饮暴食，或者拼命地喝酒。这样时间久了，菲的身体素质也大不如前，虽然情绪上渐渐稳定下来，但始终却没有心情做好每一件事。最后不得已，菲只能提出辞职休养。然而即使这样，她也不知道该如何面对以后的生活。

对于过去的不愉快，不必斤斤计较，也不需自怨自艾。想要开始新的生活，就要让自己不断学习反省和宽容，对他人，更对自己。对自己的憎恨过于强烈，就无法洗心革面，无法看到希望的曙光，幸福就更无从谈起。

好在，那些曾经对自己彻底失望过的人，内心大都有极为谦逊的一面，即使获得成功，也不会颐指气使。如此说来，意欲从眼前困境甚至绝望中摆脱出来，首先就该对自己曾经犯下的小错误抱以宽容，从根本上甩掉这个思想包袱。渐渐地，培养正确认识和接纳自己的心态，便能有拨云见日的一天；同时还将收获到一份更为珍贵的礼物：对自己有多宽容，对他人对世界便有多宽广。

人生就是不断经历和承受

有一种香料，不仅是世界上留香最持久的，且极其稀有，故又被称为“灰色的金子”。因世界上任何一种香料都不能与之相媲美，而素有“龙涎之香与日月共存”的说法。

关于它的来源，有过无数的猜测和传说，也成就了它的神秘感。可是谁也没有想到，贵如黄金的龙涎香，竟是某海洋生物与痛苦对抗的产物。

一位海洋学家经过调查研究后发现，海洋中有一种形体巨大的生物，叫做抹香鲸，它可以潜到千米深海之下，吞食体型巨大的乌贼、章鱼等。但是这些动物身体上坚硬、锐利的角质和软骨却很难被抹香鲸消化，每次吞食后，抹香鲸都因肠胃饱受割磨却不能将之排除体外而痛苦异常。在痛苦的刺激下，抹香鲸只好通过消化道产生一些特殊的分泌物，来包裹住那些尖锐之物，以缓解伤口疼痛。

每隔一段时间，难耐痛苦的抹香鲸就要把这些分泌物包块排出体外。随着海水的流动，这些包块漂浮到海面上，经过风吹日晒、海水浸泡后，便成为现在人们所见的名贵的龙涎香。

不要拒绝痛苦的磨难，有时，往往是与痛苦对抗的过程，才让我们的人生修炼到了龙涎香的境界。

周国平在《直面苦难》一文中说：“我的智慧把痛苦当作爱的必然结果加以接受，化为生命的财富。”对于苦难的选择和接受，他有这样的辨证之感：“我无意颂扬苦难。如果允许选择，我宁要平安的生活，得以自由自在地创造和享受。但是，我相信苦难的确是人生的必含内容，一旦遭遇，它也的确提供了一种机会。人性的某些特质，唯有借此机会才能得到考验和提高。一个人通过承受苦难而获得的精神价值是一笔特殊的财富，由于它来之不易，就决不会轻易丧失。而且我相信，当他带着这笔财富继续生活时，他的创造和体验都会有一种更加深刻的底蕴。”文章最后，只引用了这样一句话让人回味：“愿意的人，命运领着走；不愿意的人，命运拖着走。”

的确，人需要经历痛苦与折磨才能真正成熟起来；只有超越了痛苦，才能成就更好的自己。关于生理上的缺陷，关于生命和死亡，关于希望、失望和绝望，我们都可以认为是痛苦；但同时，我们可以选择憔悴或者鲜活，可以选择留下或者走开。如同凤凰涅槃，经历烈火的煎熬和痛苦的考验，才能获得重生，并在重生中达到升华。

郭艳红，一位年仅18岁的中国女孩，看起来和周围的少男少女没什么不同，但是身后却有着不同的人生故事。

艳红4岁时，一场车祸夺去了她的双腿。祖辈生活在山区村子里的郭家，面对这种情况，没有多余的钱给孩子治疗，只能勉强凑合让她活下去。从此以后，艳红就用爸爸给她特制的“双手”行走，而用半个篮球来稳住身体。因此，她被当地人称为“篮球女孩”。

幸运的是，在各界好心人和专业医疗机构的帮助下，艳红在10岁时免费装上了义肢。不久后，她还得到了一个新机会：参加全国第一个残障人游泳俱乐部。

然而，这难得机会对于艳红来讲，却绝非易事。“我得比其他孩子付出更多，”艳红事后对朋友说：“我根本就没法在水里浮起来，总是呛水。”

但是，她最终坚持了下来，成为了一名杰出的游泳运动员。现在，已经长大成人的艳红希望有一天能在残奥会上为自己的国家摘金夺银。

苦痛有时就像是冰冷的水。当身体出现局部的症状，冷敷或许可以帮上忙，可如果整个身体都浸入在水中，就会变成一堆冰冷的恐惧。真正抵达内心、有望彻底恢复的方法只有一个——直面痛苦。因为，一个重要的心理规律是，无论多么痛苦的事情，我们都是逃不掉的。除了勇敢地面对它，化解它，超越它，最后和它达成和解，别无他法。然后，我们便会在这个过程中得到许多意想不到的收获，最终成为我们的人生财富。

美国心理学家罗杰斯曾一度陷入孤独的深渊，但当他面对这个事实并化解后，他成了真正的人际关系大师；美国心理学家弗兰克有一个暴虐而酗酒的继父和一个糟糕的母亲，但当他直面这个事实并最终从心中原谅了父母后，他成了治疗这方面问题的专家；日本心理学家森田正马曾是严重的神经症患者，但他通过挑战这个事实并最终发明出了森田疗法……阿德勒曾经说过："在生理上的不足能激起精神上的补偿。"是的，磨难不仅限于生理，任何的"先天不足"都能激发起人们超乎寻常的努力。

几年前，著名导演张艺谋接受了美国有线电视新闻网（CNN）记者的专访。问起他的成功经历时，记者插了一句题外话："张导演，能不能问你一个私人问题？这几年，你的《英雄》《十面埋伏》在国际、国内都取得了很高的票房，你已经是国际上知名的大导演了。有人传言，在当今电影界，仅'张艺谋'这三个字，就是一个聚财的品牌。能不能透露一下，你现在到底有多少财富呢？"

张艺谋仔细思考了一下，然后认真地对记者说："说来你也许不信，我的财富，只是一架旧式照相机。"

"这怎么可能？这听起来更像是个玩笑。"记者睁大了眼睛。

"我说的是真心话。"张艺谋笑着说，"由于家庭出身原因，从小到大，我和家里人一直生活在一个受人歧视的环境里。18岁那年，我迷上了摄影，可在当时，家里连吃饱饭都困难，哪里还拿得出钱给我买照相机、供我学摄影呢？有一天，我听人说卖血可以赚钱，于是我瞒着家人，偷偷地到城里去卖血。一连卖了五个月，终于攒够了买一架照相机的钱。"

事后，记者在专访文章中写下了这样的话：当人们把羡慕的目光投向成功人士名利光环的时候，却往往忽略了他们身上隐藏的精神财富，那才是他们动力的源泉、制胜的要素、成功的秘诀。

果然，张艺谋的人生从那架照相机开始有了翻天覆地的转变。1978年，凭着那架照相机给他的艺术积累和对艺术执着的追求，张艺谋考入了北京电影学院摄影系。毕业后，他担任摄影，拍的第一部电影就先后荣获了十几个国内外知名奖项，也正是那部《黄土地》，为张艺谋日后正式涉足电影界铺平了道路。

谁能想到，如今荣誉等身的光环人物，却有着那样一段特殊的苦难经历。一架照相机，一段卖血的经历，给了他极其深刻的人生体验，让这个年轻人懂得了只要勇于挑战逆境，打破宿命，终会有实现人生价值的那一天。就像张艺谋自己说的：“不管到哪里，我一直保留着它，那才是我真正意义上的财富！”

其实，这样的体验在我们的生活中无处不在，只不过表现形式不同罢了。它既会使庸者消沉、颓废，也可使强者成熟、成长，这样的体验我们只要记住了，面对了，承受了，超越了，就会拥有一个大写的人生。

勇敢就是坠落后还能升起

“钟声响起归家的讯号 / 在他生命里 / 彷佛带点唏嘘 / 黑色肌肤给他的意义 / 是一生奉献 肤色斗争中 / 年月把拥有变做失去 /疲倦的双眼带着期望 / 今天只有残留的躯壳 / 迎接光辉岁月 / 风雨中抱紧自由 / 一生经过彷徨的挣扎 / 自信可改变未来 /问谁又能做到……”

BEYOND乐队创作的这首《光辉岁月》，多少年来，每当旋律响起，都会激起人们心中的激动和荣耀。1990年8月，黄家驹从非洲回到我国香港后，创作了这首歌曲，并把它献给了一位“世界级的偶像”——南非前总统，纳尔逊·罗利赫拉赫拉·曼德拉。后来，当曼德拉听到这首歌，明白歌词的含义后，这位世纪老人不禁潸然泪下。

2009年11月11日，第64届联合国代表大会通过决议，将每年的7月18日，即曼德拉的生日定为“曼德拉国际日”，并号召世界各国在这一天为社区服务68分钟，以纪念曼德拉从政68年“为和平及自由所作出的贡献”。

那么，曼德拉究竟是怎样一个人？他如何赢得了世人如此的尊敬？在这些荣誉背后，曼德拉又经历了怎样的痛楚？

1918年7月18日，曼德拉出生在南非特兰斯凯一个部落酋长家庭。作为家中长子、酋长继承人的他从小就心怀理想，他不愿以酋长身份统治一个受压迫的民族，而要“以一个战士的名义投身于民族解放事业”。

1925年，曼德拉成为他们家族中唯一上过学的成员，曾先后就读于黑尔堡学院、约翰的斯堡大学，1942年获法学学士学位。从1948年开始，曼德拉就积极投身政治运动，反对执政的南非国民党推行的种族隔离政策，后被南非政府以“煽动”罪和“非法越境”罪判处5年监禁，又在2年后的1962年8月，以“企图以暴力推翻政府”罪判处他终生监禁。自此，曼德拉开始了他长达27年的“监狱生涯”。

在这漫长的关押期间，曼德拉受到了非人的折磨。在比勒陀利亚地方监狱中，曼德拉不仅被单独关押，不能与人交流，而且关押室中甚至没有自然光线，更没有任何书写物品。在罗本岛，关押曼德拉的狱室只有4.5平方米，除了基本的生理需要外，他不能参加一切当时岛上囚徒自发组织的活动，甚至连球都不能看。

就是在这样的环境中，曼德拉的意志也没被击倒。服刑期间，曼德拉一直通过在牢房里跑步和做俯卧撑来锻炼身体。在罗本岛时，他还时常作画，画一些铁栏杆外的风景。1982年被转到开普敦的波尔斯摩尔监狱后，他迫使狱方给他开辟了一片小菜园，并且亲自种了近900株植物。正是这种乐观、积极、坚强的精神让他笑到了最后，赢来了辉煌。

1990年2月11日，南非政府迫于国际政治压力释放了曼德拉。他随即前往约堡的索韦托足球场，面向12万人发表了著名的“出狱演说”，他说：“当我走出囚室，迈向通往自由的监狱大门时，我已经清楚，自己若不能把痛苦与怨恨留在身后，那么其实我仍在狱中。”

曼德拉的伟大不仅在于他矢志废除种族歧视，更重要的是，他用他的善良与宽恕，烛照了这个世界的精神天空：获释后的曼德拉以他的智慧和宽容放弃了当时一度喧嚣尘上的暴力推翻白人政权的计划，而是致力于以和平方式结束种族隔离政策，并积极推动建立新南非民主政权。1993年10月15日，挪威诺贝尔委员会将当年的诺贝尔和平奖授予了曼德拉和时任南非总统德克勒克，以表彰他们在化解南非不同族群的仇恨，以及推动南非民主进程方面所作出的贡献。

1994年5月9日，在南非首次不分种族大选结果揭晓后，曼德拉成为南非历史上首位黑人总统，至1999年6月正式去职。卸任后的曼德拉仍然致力于世界和平与人类尊严，他大力兴办学校，为南非防治艾滋病投入了大量精力。

有一次人们曾问曼德拉，希望世人如何纪念自己。他回答说：“我希望我的墓碑上能写上这样的一句话，‘埋葬在这里的是已经尽了自己职责的人’。除此之外，我别无他求。”

从囚犯到总统，再到世界级的偶像，曼德拉谱写了一段特殊的传奇。经历过太多苦痛与折磨的他，没有因为任何原因而改变乐观、宽容、坚定、幽默、平和的高贵品质。他没有因为种族主义政权的迫害而走向极端、施展报复，而是极力斡旋、促进和解；没有因为长期非人的囚徒生涯而失去理智、放弃希望，而是积极锻炼身体，等待胜利的到来；没有在声望高涨时贪恋权位、中饱私囊，而是在一届总统任满后立即退位；没有在退休后坐享功名，而是积极奔走，为慈善事业继续贡献心力。正是这位老人的每一次出现，给这个世界带来了力量，让人们感受到了信仰的坚毅："生命中最伟大的光辉，不在于永不坠落，而是坠落后总能再度升起。"

不合理的打击、困厄的遭遇，都是上天锻炼优秀人才时所使用的打铁锤。铁锤凿凿，若能经得起种种磨难而未被打压下去，必能昂起头来去担负人生中的各种挑战。磨难如风，它可以是浪的帮凶，把被打趴下的弱者埋藏到大海深处；也可以是帆的伙伴，把敢于抬头的勇者推向成功的彼岸。

19世纪英国诗人威廉·亨利写过一首诗，名叫《不可征服》。谨以此向这位"世界上最接近圣人"的老人致敬，也向他无私奉献、坚定宽容的品质学习：

"透过覆盖我的黑夜，我看见层层无底的黑暗。感谢上帝曾赐我，不可征服的灵魂。就算被地狱紧紧攫住，我不会畏缩，也不惊叫。经受过一浪又一浪的打击，我满头鲜血不低头。在这满是愤怒和眼泪的世界之外，恐怖的阴影在游荡，还有，未来的威胁，可是我毫不畏惧。无论我将穿过的那扇门有多窄，无论我将肩承怎样的责罚。我是命运的主宰，我是灵魂的统帅。"

能够承担悲愁的灵魂最尊贵

“我的人生就是一个非主流人生，父亲说我是外国来宾，说我的人生就像罐头一样，说得我有时候都想去死，但是那个念头过后，我又觉得人生不仅仅是那样。”读到这句话时，很多人被深深震惊，不是因为话语本身，而是说这话的人——一位韩国前国会议员。

令人不可思议的是，像国会议员这么优秀的人，是什么样的痛苦让他说出这么沮丧消极的话？看看他的履历，简直就是积极完美的代名词：还在首尔大学研读法学本科的时候，就已经通过了司法考试、行政考试，并且以全A的成绩考入哈佛大学和耶鲁大学；毕业后，又在哥伦比亚大学获得博士学位。回到韩国，一举成为股市投资专家，之后顺利进入政坛，当选了国会议员；现在，是一名出色的律师。

看完这篇文章，或许有些人会评价他过于谦虚，或许有些人说他故意炫耀骄傲，然而，却没有谁能拿出任何证据断言，这位前国会议员夸张了自己的痛苦——大家都明白，每个人都有自己不为人知的一面。

所谓人生，就是在远行的路途中不断和稚嫩的自己告别，也许艰辛，也许孤独，但熬过了痛苦，我们才能得以成长。我们都曾拿着简历向别人介绍过自己，然而在简历的各项经历中，其实有很多用括号括起来的苦痛和挫折，鲜为人知。某位跨国企业CEO就曾这样说过："只看简历的话，看上去的确很华丽，但是走到这个位置，我却经历了无数的苦难和绝望。"

对于彼此的"括号"来讲，我们都像是月亮一样的存在，展现的是相同的半球，也就是有光亮的那一面，所以我们看不到对方的阴影。久而久之就会产生一种认识上的错觉，以为只有自己才有"阴暗的另一面"，一直自怨自艾"众人皆甜，唯我独苦"。

查理·卓别林曾经说过："所谓人生，在远处看是喜剧，在近处看是悲剧。"我们往往看到别人的人生很幸福，而自己的人生则很痛苦，正是因为别人的人生都是从远处看，而自己的人生却是在近处看。"我不想过分地羡慕或者是怜悯任何人，也不希望别人很羡慕或者怜悯我。因为，他并没有看到完整的我，我也没有看到完整的他。"

19世纪80年代末，英国伦敦南部地区的一个演艺家庭，一个羸弱的小男婴降生。之后不久，父母就分居了，小男孩和他的哥哥跟随他们的母亲生活。几年后，母亲失业，兄弟两人被送入伦敦兰贝斯区的一个少年感化院，几周后又被送入一个孤儿收容学校。小男孩12岁半时，父亲因酗酒去世，母亲精神失常，被送入精神病院，自此，他离开了孤儿学校，成了一名流浪儿。报童、杂货店小伙计、玩具小贩、医生佣人、吹玻璃的工人，游艺场清洁工等等，他统统都干过。

没想到，早年的贫困生活倒启发了小男孩后来的创造灵感，一个经典永恒的形象被表现出来：小胡须、细手杖、大号裤子及皮鞋，以及歪歪扭扭的正式晚礼服，暗示了在儿童天真想象中的威严成人，意在用天真无邪的形象重新塑造一个下层阶级的代表。

是的，他就是20世纪著名的英国喜剧演员，现代喜剧电影的奠基者，查理·卓别林。

17岁时，卓别林正式进入当时非常有名的卡尔诺剧团，扮演喜剧小丑。在此期间，卓别林有很多机会去世界各地巡回演出。终于在1912年，卓别林的美国演出非常轰动，引起了美国电影制片商赛纳特的兴趣，这位启斯东公司的老板一眼相中了这个来自异国他乡的青年，卓别林自此开始了他向往已久的演员生活。

卓别林在启斯东扮演各种各样的角色，多半是凶狠的、轻浮的、散漫的、狡猾的、丑陋的。这些人物符合启斯东的“理想”，但却和卓别林独具一格的整套喜剧手法很不协调。卓别林曾说：“我并不很喜欢自己的早期影片，因为在这些影片中我很不容易控制住自己。一两块奶油蛋糕飞到人的脸上，也许还有点逗趣，可是，如果整个喜剧性仅仅依靠这种办法，那么影片马上就会变得单调而索然寡味了。也许我并没有能够一贯做到实现我的意图，不过，我是一千倍地更喜欢用一种俏皮的姿态、而不愿用粗鄙和庸俗的行为去赢得笑声。”

基于真正艺术家的天性，卓别林越来越清楚地意识到幽默对生活基础的特殊意义。他开始从早期的滑稽电影中摆脱出来，逐渐把严肃的题材和喜剧片的传统手法巧妙地结合在一起。他力图通过电影反映出时代的特征，比如《狗的生涯》《城市之光》《凡尔杜先生》，以及最著名的《摩登时代》。他的影片不仅演技纯熟，更珍贵的是思想深刻，那些同情的、辛酸的、深省的笑，都是残酷人生和残酷时代的真实写照。他说，创作喜剧，其中的悲剧因素往往会激起嘲笑的心理，而嘲笑正是一种反抗。

为此，美国政府掀起了对卓别林的迫害。《凡尔杜先生》在美国的许多大城市被禁映。对此，卓别林在巴黎报纸上发表了一篇题为《我向好莱坞宣战》的文章，向全世界控诉他所遭受的迫害。

大概十年后，由于世界格局的变化，卓别林在美国的命运也随之再度发生了改变。1963年，他在纽约组织了自己的电影节。1972年，他在奥斯卡有史以来最热烈且持续时间最长的起立鼓掌声中，接受了美国电影学院颁发的奥斯卡特殊成就奖。

这位88岁高龄的世界杰出喜剧大师用他跌宕起伏的传奇一生向世人说明：“不幸，是天才的晋身之阶，是信徒的洗礼之水，是强者的无价之宝，是弱者的无底深渊。”所有的锻炼不过是再次呈现，我们还没有学会的功课。

的确，几乎没有哪一个生命不经历难捱、痛苦的时刻，脆弱不堪的人因眼前的坑洼泥泞而畏首畏尾、一蹶不振；而眼光长远、心灵强大的人，把这一切看作是一种孕育希望的机遇，沉着并坚忍。

正如海伦·凯勒所说：“每小时，每一天，我们都在反抗痛苦。仿佛我们哀恸的人是上帝孩子中痛苦最深的。我们奇怪为什么这痛楚要加在我们身上，因而不停地哭。但是只要我们有承担悲愁的力量，到头来就会发现我们的灵魂最尊贵。‘痛苦如果征服不了我们，便不算是罪恶’。”

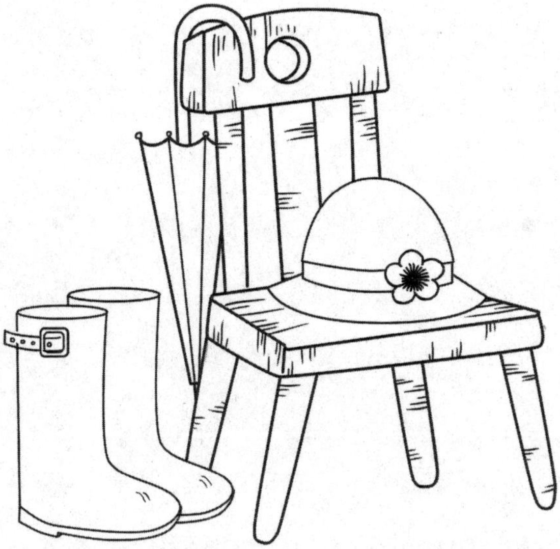

痛苦不只是为你一个人准备的

屡创剧坛奇迹的剧作家廖一梅在她的新书《像我这样笨拙地生活》中说："我坚信，人应该有力量，揪着自己的头发把自己从泥地里拔起来。"她是想说，"对于人类而言，最好的安慰剂就是知道你的痛苦并不特殊"。

1965年，越南河内希尔顿战俘营里，关押着美军一位高级将领。作为被俘人员中最高级别将领，美国海军上将斯托克代尔没有受到任何优待，先后遭受了20多次拷打。他曾一度怀疑自己能否活着出去，直到8年后获释回国。

斯托克代尔的事迹在美国引起强烈反响，有很多媒体都来纷纷采访他。人们最关心的问题就是："8年时间里你有很多同伴不幸遇难，你又是怎么熬过来的？"

斯托克代尔想了想，回答道："我一直渴望活着出去见到家人，这个愿望一直支撑着我。"

"可是那些死去的人，应该也很渴望见到亲人吧？"记者不解地问：

“那你同伴中最先死去的是哪些人呢？”

斯托克代尔遗憾地回忆说：“是那些过于乐观的人，他们总盼望圣诞节就可以被特赦，可是节日过后没能如愿，于是又想复活节可以，结果还是没被释放……这样一次连着一次的失望，把他们的信心一点一点击垮，不久后便郁郁而终。”

停歇片刻，斯托克代尔长叹了口气，讲起发生在监狱的事。由于各自被关禁在不同的牢房，他们彼此是看不到同伴的。于是，他们发明了一种秘密传递信息的方式，约定相互敲墙，以敲击的节奏来代替英文字母。起初，大家都严格按照约定的节奏敲墙，鼓励着对方，可是没过多久，就有人破坏了规矩，经常在节日前后用急促的敲击来宣泄情绪，以至于一到过节，监狱里的气氛就与平时大不一样，越来越多的人烦躁地敲着，狱室内喧闹不堪，接着，死去的人也越来越多……

“有节奏地敲墙，其实是大家表达活着出去愿望的方式；杂乱无章地发泄敲击，只能适得其反。”最后，斯托克代尔语重心长地说，“这是非常深刻的教训。一个人无论在什么时候，面对多么复杂、残酷的现实，也不能对未来失去信念，自己放弃自己。”

正如小说《灵山》里的一段话：“历世间大喜大悲、惊心动魄之事，莫自伤形骸、莫如死灰槁木、莫激忿癫狂，神魂不欲疯魔必有所寄，所寄莫失。”说的正是这个道理，心有所寄，所寄莫失。

漫漫长途，我们会遇到很多“人生枯井”，也很难避免不掉入其中。

当泥土无情地扑面而来，与其悽惨地嚎叫，抱怨命运的不公或是渴望他人的怜悯和帮助，不如将泥土抖掉，努力自救，从而走出人生的枯竭之境。就像《鲁宾孙漂流记》和《汤姆·索亚历险记》中的主人公，都是在身陷绝境的情况下，还能冷静下来自己寻找“出口”，坚持不懈地努力，最终摆脱困境。

青年时期的拿破仑有一次去郊外打猎，突然，听见不远处有人喊救命，便快步走到河边，看见有一个男子在水中挣扎。

看着眼前并不宽阔的河水，和在河水里拼命呼喊的男子，拿破仑不但没有跳下河去救人的意思，反而端起猎枪，对准落水者，大声喊道：“你若再不自己游上来，我就把你打死在水里！”

那人见求救无望，反而更添一层危险，便只好奋力自救，终于游到了岸边。

身边的随从脸色不禁有些难看，小声嘟囔着：“这也太残忍了！连一点爱心都没有。”

拿破仑还是听到了这小声的议论，转身看看随从，心平气和地说：“我之所以拿枪逼迫让他自己游上岸来，是想告诉他，自己的生命本来就该自己负责。在这条不宽的小河里都不懂得自救的人，以后又怎么渡过他的人生之河呢？”

的确，积极的人绝不会坐失对自己有用的手段或机会，他们会最大限度地利用一切可调动的资源和条件，在看似毫无希望的时候发现生机，从而化险为夷、转逆为顺。是不拔的信念和希望让人们创造出奇迹，在身处逆境的第一时间，他们深知救世主只有自救，也必须是自己。

人们至今也不会忘记2008年5月，发生在四川的那场地震，更不会忘记在那场地震中自救互救的英雄们：在北川县城核心现场，在一股从背后深山逃出的人流中，11岁的小男孩背着3岁半的妹妹，非常吃力地走着。同行的爷爷、奶奶已经老了，父母在外打工，小男孩勇敢地担负起家庭的责任，一直走了12个小时没有停，他说，他很爱妹妹；还有那个砸腿、喝血，亲手锯腿的北川女子，被困3天后获救；以及一个初三学生用双手刨挖数个小时，在废墟中救出自己的女同学。

这些突遭灾难的普通人，他们没有等，没有放弃，抱着笃定的活下去的念头，冷静而坚强，在困境中自救，用智慧和勇气保护和挽救了自己与他人的生命。

遇到困境总是环顾左右、希望别人拉一把的人，也许能较快地逃离暂时的不幸，但谁又能预料，在不远的前方还有多少困境将要面临？他们一旦失去外界的援助，大多在困境中不能自拔；而在逆境中懂得自救的人，也许在苦痛中煎熬的时间会长一些，但他们从中锻炼并增强了战胜困难的信心和勇气，当再一次身逢逆境时，就能变得从容而机智。

也许你现在的生活并不富裕，也许你眼下的工作并不够好，也许你刚刚被情所弃；不管处在怎样的困境中，都一定要试着自己爬起来，以清爽精神的面容和温暖阳光的微笑，从容自若地面对生活。

悲伤不会消失，却会变淡

“悲伤是否会消失？”

“他们不会消失，但会随着时间的流逝而慢慢改变；有时候，你会觉得自己好像忘记他们了，可是某个时刻他们又会突然浮现；继而你的心会一沉，但你不会一直沉溺下去；慢慢地，你会觉得，其实还好，这种无能为力的悲伤，其实也还可以撑过去。”

这是2010年上映的美国电影***Rabbit Hole***（《兔子洞》）里，女主角贝卡和母亲的一段对话。影片主要讲述了一对原本幸福的夫妻在经历意外丧子之痛后生活的变化。贝卡和豪伊本是一对幸福的夫妻，就在八个月前，他们还有一个美满的家庭。然而，他们的儿子丹尼在车祸中不幸遇难，突如其来的打击彻底改变了他们原本完美的生活。从噩梦中醒来，回到现实生活，夫妻俩沉浸在回忆、渴望、愧疚中，相互指责挖苦，均无法从痛苦中解脱。贝卡开始重新定义自己的生活，她变得苦闷、尖刻，甚至有时有些滑稽。与此同时，豪伊整日沉湎于过去，并努力从外人那里寻找贝卡无法给予他的安慰。尽管这样，夫妻俩还在努力找回充满欢笑和幸福的美好生活。这段历程反映了两个人从脱轨的生活中重新接受彼此的过程。

导演约翰·卡梅隆·米切尔被这个剧本深深吸引，“之所以打动我，就是因为它把这种无法消退的情感表达得非常充分、形象和具体”。原来，他也有着类似的个人经历，在米切尔14岁的时候失去了10岁的弟弟，他说：“这是一件突如其来的意外事件，它永远地改变了一个家庭，直到现在我们还在从创伤中恢复着。”

离别之所以令人如此心痛和难过，是因为远去的那个人曾经和我们共同经历过那么多开心与快乐，不管是亲情还是爱情，都曾经拥抱得那么紧，也曾经一度离“一辈子在一起”的山盟海誓那么贴近。

然而，真实的人生就是有失去也有遗憾。世事如云，云起时汹涌澎湃，云落时落寞舒缓。岁月会把失去变为拥有，也会把拥有变为失去。离开与失去，与人一路共生，如影相随。也正因为此，每个人生命中都有门功课，叫“接受”，接受爱的人离开，接受亲的人离世，接受喜欢的人无论如何也不能在一起。无论多大，每一次在“接受”面前，我们依旧像个只会嚎哭的孩子——区别是，长大的我们会对自己说：“接受，是另一种开始。”

女孩和男孩相爱了四年，可这四年最终变成了“思念”：就在他们约好去领证的前一天，一场意外的车祸，让他永远地离开了这个世界，离开了她。女孩痛不欲生，几经规劝后勉强度日，可从此却在自己的感情世界里构筑了一道心墙，日思夜想已故的他。

女孩的文笔不错，心房紧锁的她也只有用文字来排遣忧郁，在她的博客上，写过这样一篇日志：

“亲爱的，现在的你在那边做什么呢？是不是仍然像我们在一起时那样快乐？我想了无数次要离开这里，离开这个伤心之地。但是我还有自己的责任，我必须挺住，直到最后一刻，直到佛陀召唤我的时候。多么希望那一刻早些到来，我可以微笑地走到另一个世界，微笑地看着你。能够每天看着你幸福地生活，我心满意足。可是对于现在发生的一切，我没有一点挽回的办法，我的心在哭泣、在流血。佛陀，你愿意帮助我吗？我愿意付出一切，来实现自己那平凡的心愿，哪怕下辈子受苦……”

女孩总说：“无论是闭上眼睛还是睁开，事情就好像发生在昨天，怎么也抹不去。”

她总是穿着那件淡绿色的上衣，那是他送给她的，也是男孩生前最喜欢的颜色。这件特别的衣服上面有着五颗特别的纽扣——心形水晶，象征着他们的爱情。女孩看到这些，就好像他从来没有离开一样。

有一天，女孩回家后发现衣服上的五颗纽扣中少了一粒。她懊恼、自责，怪自己不小心，然后跑遍了周围大大小小的商店，试图买到一颗一模一样的。可惜，她找遍了大街小巷，还是没有。女孩失落地回了家，把自己关在房间里哭了整整一夜，少了一颗纽扣怎么穿呢？心，都不像心了。

可是，她怎么也舍不得放弃这件衣服。

一连几天，她都郁郁寡欢。母女连心，妈妈自然猜到了她的心思，于是劝她不如舍了那剩下的四颗扣子，再买五颗新的扣子换上。

母亲为女儿找到了五颗造型更加独特、也配得上这件衣服的花形扣子。淡绿色的上衣，在这五颗花型扣子的点缀下，显得更加高贵和典雅了。

那一刻，女孩似乎明白了什么。终于，在一个阳光明媚的清晨，她醒悟了。而后，她敞开了心门，开始接受全新的情感世界。

女人心思细腻，时常会把错过和失去的当成时间最为遗憾的事，任凭过去困扰着自己，任凭自责折磨着自己。殊不知，覆水难收，往事难追，后悔无益。缱绻人生，世间有很多事情都是难以预料的。得失如云烟，转眼风吹散。一切邂逅，悲欢喜舍皆由心定。看得开，放得下，则一切如镜中花、水中月，虽然赏心悦目，却非永恒。不如坦坦荡荡、平平淡淡，不让自己在悲伤中度过，不让自己在徘徊中漫步。

有一首耳熟能详的老歌中唱道：“曾经在幽幽暗暗、反反复复中追问，才知道平平淡淡、从从容容才是真。”就像辜鸿铭先生说的，能受得了一切寂寞与平淡，才是真正的修养到家。记得，无论再难过，每一次离别，都终将会淡去。

星期五　沉下那颗漂浮的心，生命自会找到出路

内心若是漂浮的，脚步必是慌乱的。稍安勿躁，生命之花才会开得更久、香味更浓；人生之路才会走得更稳、行之更远；生活之蜜才会酿得更醇、滋味更甜。沉下那颗漂浮不定的心，生命自会找到出路。

慢下来并不意味着你在“偷懒”

2009年底，一个“新世纪10年阅读最受读者关注十大作家”的评奖引起了当时学界不小的反响。其中，有一位获奖者没有前去现场，而是请友人代为领奖。在念那段获奖感言时，全场从一片喜庆祝贺的气氛中慢慢安静下来，纷纷若有所思。台上，话筒里传来了这样的声音：“这是一个每个人都在跑的时代，但是我坚持用自己的步调慢慢走，因为我觉得大家其实都太快了——就是因为我还在慢慢走，所以今天来不及到这里领奖。”

这位获奖者就是台湾著名漫画家，朱德庸。

2011年，朱德庸的那本《大家都有病》的漫画作品一经出版，立即广受好评，畅销四方。他在自序中说：“我从2000年开始慢慢构思，到2005年开始慢慢动笔，前后经过了十年。这十年里，我看到亚洲国家的人们，先被贫穷毁坏一次，然后再被富裕毁坏另一次。我把这本书献给我的读者，并且邀请你和我一起，用你自己的方式，在这个时代里慢慢向前走。”

朱德庸总能用幽默机智的风格挖掘某一类型社会人的特质，从而折射出一个时期乃至一个时代的问题。他说，这个时代对我们大家开了一场巨大的心灵玩笑：我们周围所有的东西都在增值，只有我们的人生悄悄贬值。世界一直往前奔跑，而我们大家紧追在后。他问，可不可以停下来喘口气，选择“自己”，而不是选择“大家”？可不可以不再为了追求速度，而丧失了我们的生活，和生长的本质？

这是一个只有教导如何成功，却鲜有启迪人们如何保有自我的时代。身处其中，好像很少有人能逃脱得了“陀螺”的命运：随着年龄的增长，肩膀上背负的未来越来越庞大，那个远在天边又好像近在眼前的不可预见的“幸福”越来越勾魂，被抽打的陀螺不得不转下去。上帝为我们开启了一扇门，人们便蜂拥而至、急不可耐，谁都不愿落下。然而当门再次打开时，我们才清醒地意识到这只是个梦，自己原来是在电梯里。失望的人们一个个走出电梯，却把灵魂落在了那里上上下下。

既然我们有机会来到这多彩多姿的世界里，就应该像一个旅行家，不仅要跋山涉水，更要欣赏过程。或者，生活是一趟单程列车，那么必然需要中途休整，长途跋涉路过的一个个小站，就是为了让我们在那里加水、加煤、检修。放慢脚步，充分享受生命的过程，才能让心灵源源不断地被美丽所滋养。

慢步人生，并不等于散漫或消极，而是一种科学、乐观、进取的人生态度。我们无法让当今的世界慢下来，但却至少可以让自己行走的脚步慢一些，在快节奏的生活中找到一种可贵的快慢平衡，找到适合每一个人自身的节奏。

慢步人生，也不是懒惰和推诿，不是观望和游戏，更不是绝望地放弃自我，而是以一种更坚韧的姿态脚踏实地地前行，锲而不舍地创造。放慢脚步，就是让自己驻足在一个没有过去、没有将来，只有现在的地方。当我们停止疲于奔命的时候，就会发现生活中原来还有那么多从未注意过的美。

林语堂在《人生的盛宴》一书中对慢的真谛有过详细的阐释，他写道："能闲世人之所以忙者，方能忙世人之多闲。人莫乐于闲，非无所事事之谓也。闲则能读书，闲则能游名胜，闲则能交益友，闲则能饮酒，闲则能著书。天下之乐，孰大于是？"

这里的闲，想来更接近我们所说的慢，是和自己互相协调、融为一体的过程。那种从容和豁达，是了然于胸的沉着和冷静；那种通览全局的视野和平衡生活的能力，更是一种对人生的真正思考。

诺贝尔文学奖得主鲁德亚德·吉卜林在送给即将前去参军的儿子诗歌《如果》里写道："如果在众人六神无主时，你能镇定自若而不人云亦云，这并不是件容易做到的事情，但慢下来并不意味着你在偷懒。"这也是一种心性的磨炼。

我们可以起个早去拥抱清晨，给天空加满油，给阳光买杯咖啡，去看场早上八点的电影；让时间如流水般柔软，不再时时刻刻都有棱有角，游刃有余地穿梭其中，和途中的每一片花瓣一样，充分享受阳光雨露，一步一步去丈量脚下的路。或许，那也是一种天堂，一个世界。

身心合一是最好的生命状态

两个好友见面，咖啡香溢，蓝调悠长。木兰和苏瑾，大学时的闺蜜。

刚一落座，木兰便脱口而出："我宁可下班后在公司待的时间晚一些坐末班车回家，也真不愿意自己开车。"

话音未落，苏瑾左边的嘴角照例向上扬了扬，嗔笑道："你还是那么文艺，或者干脆说矫情。让你天天挤公交车，你就不这么叫唤了。"

木兰也照例不服气，乜斜了一眼，好似"切"的一声。

矫情就矫情一回吧，就算被说成这样，可谁又能代替我的真实感受呢？木兰想。每天自己开车，身陷在庞大的"露天停车场"的车阵里，一边时时刻刻盯着表计算着迟到时间，一边"远看二百近看二十"地盯着旁边的车，别剐了蹭了——那叫一个焦躁和紧张。

就像木兰喜欢的作家王朔所说的一句话，北京人开车爱"编筐"，见缝就钻、左冲右突，一定要把别人甩在后面才算完事。

“编筐”，多形象，左赶右挤，密不透风。

如今，“北上广”越来越多，生活在其中的人们必须要身体和头脑都在路上，时刻保持高度集中的注意力，紧张地陷在车阵里，满眼所见全是各色车等。除了车，还有高耸入云的摩天大厦，仿佛愈发向你倾压过来。

木兰深深吸了一口气，缓缓呼出：“多累！”她想起一位美国朋友聊天时告诉她：“我绝对不敢在北京开车，北京司机的水平可以说是全世界最高的。在美国、欧洲的路上，基本上很少有超车、变道的车辆，都按部就班一辆跟着一辆往前走。”

所以，木兰喜欢偶尔放纵自己过一下慢生活，本来可以打车的时候，她却从来都是一等再等公交的末班车。她在微信朋友圈中说：“我就是不想快，想慢。”

为了生活，我们都在马不停蹄地奔波，即使在休息的时候，也会不由自主忧心忡忡地回到工作时的忙碌状态。我们都以为，快一点儿就能让生活变得更好，可约翰·列侬却说：“当我们正在为生活疲于奔命的时候，生活已经离我们而去。”

回想一下：你有多久没有注意过这个城市迷离而又璀璨的灯火映在车窗上的夜景了？你有多久没有就着夜色阑珊的灯火，在空荡的公共汽车上摇摇晃晃，心旌摇荡、心驰神往地想着山高水远、不可名状的梦了？在这种慢节奏的摇晃中，看见的是氤香四溢的生活，看见的是与我们一样的普通人的真实细节。而这些，又在当今怎样的频率中被一晃而过？

人生，常被比喻成一场马拉松，有经验的人都知道，起初跑得太快并不见得是件好事，因为没有足够的耐力撑到最后。马拉松的美并不在于用了多少时间跑了多少公里，获得了怎样的名次，而是过程的坚持和自我的挑战。正如村上春树所说："终点线只是一个记号而已，其实并没有什么意义，关键是这一路你是如何跑的。"

人生也是如此，慢慢跑，才能坚持更久，才能欣赏沿途更多的风景。

如果幸福只是一瞬间的绽放，而后的长久岁月只能用来凭吊，那么这样的人生又有什么质量呢？三毛曾说："生活，是一种缓缓如夏日流水般的前进，我们不要焦急我们三十岁的时候，不应该去急五十岁的事情，我们生的时候，不必去期望死的来临，这一切，总会来的。"

多数人的一生，不长却也不短，慢下来，别着急，不会影响你的事业和生活。反而，这是一种心境和体验，是一种随性、细致、从容应对世界的方式。不要等到孤单的时候才想起朋友，不要等到爱已逝去的"后来"才学会付出，不要等到失败了才记起他人的忠告，不要等到无力前行了才意识到生命的脆弱。

慢慢积蓄，慢慢释放，真正沉浸到生活中去，一丝一缕地去体味"如同中药和老汤，一个时辰一个时辰熬出来"之后沉淀析出的厚实。想来，一个人最好的状态应该是身体和灵魂达到了共振。因为，生活更美好的可能性，就在于缓缓经历的一步步、默默感知的一天天。

沉下一颗心，静候人生的花开

世间有一种植物，名为普雅花，它生长在南美洲安第斯高原海拔4000多米人迹罕至的地方。它的花期很短，只有两个月，但花开时却美艳至极，花谢时也是极尽荒凉，整个花株都会随之枯萎，不复存在。然而，很少有人知道，普雅花为了这短暂的两个月的花期，竟要苦苦等上一百年。

用一百年的时间，等待两个月的绽放，值得吗？这个问题，只有人类才会思索，普雅花从未想过，它的生命中只有一个信念，那就是等待。它安静从容地伫立在高原上，默默吸收着阳光的能量，汲取着大地的养料，努力营造自己的那一次绽放。它等待了一百年，用百年一次的花开，证明了自己生命的价值与美丽。

人生，短短数十年，如白驹过隙。试问：有多少人愿意为奇迹的出现，静候人生之花绽放的一天？在浮躁与急躁的时代气息中，有多少人心中还会存在值得等待的信念，并愿意付诸寂寞和孤独？太多时刻，我们总是希冀着能够一夜成名、一夜暴富、一夜之间达成所有的心愿，心里像有一头来回乱撞的小鹿，停不下，静不了。

曾经看过一则与等待相关的寓言故事，感触颇多：

一位年轻男子与女友约会，早早地到了约会地点。起初，他还是充满期待，幻想着女友看到自己时的惊讶与娇羞。可是，等了二十分钟，女友还没来。这时候，他有点着急了。由于那天天气很热，他越等越生气，抱怨女友为何还不来，让自己苦等。

就在他抱怨的时候，有位老者跟他说了一番话："我知道你为什么不开心。戴上这块表，当你遇到不能等待的事情时，就把时针转一下，你就能跳过当时的时间，想要多久都可以。"

男子很吃惊，没想到世间还有如此神奇的东西。他高兴而好奇地接过老者的礼物。老者走后，他试着把时针扭了一圈，果然，他的女友马上就出现在他面前了。

这个结果让他兴奋不已，他想着：要是我们能结婚多好啊！于是，他又扭动了时针。此时，婚礼的场景已经出现在他眼前；接下来，他又迫不及待地把时针转了一圈又一圈，让自己心中所想的事物一一呈现在眼前……他看到自己三十几岁事业的状况，看到自己未来的孩子，看到自己购买的房子……就在他感慨这只神奇的手表时，他忘了生命已经在悄悄溜走。最后，他发现自己已经头发花白，疾病缠身，躺在病床上。如果再拨动一下时针，立刻就会与死神相遇。

男子后悔了，他沮丧地说："真希望一切能重新来过，一步一步地走完这一生，再不要匆匆而过，我会耐心地等待。”这时，表的开关猛地向左转动。他的急躁消失了，一切又回到了最初。他还是站在当初约会的地点，心平气和地听着路旁小店放的歌曲，抬头看看蓝天白云，看着眼前走过的男女老少，他感慨：原来，人生不可以跳跃着前行，唯有耐心等待才能让生命的旅途充满乐趣。

也许，是生活的节奏越来越快了，让人在压力的推动下不得不奔跑着前行。很多时候，并非我们没有时间等待，而是等待不下去，厌烦了等待时的那份焦急难安，于是选择了放弃。我们错误地觉得，少了等待，步伐就会走得快一点。可事实上，行走也只能减轻焦虑的心情，却无法让人更快地达到目的，有时反倒会让我们离目的地更远。

回头想想，焦急又能如何？日子还得一天一天过，每一天都是最年轻的一天，何不耐心地过，从容地过，愉快地过？从古至今，太多的事物教会我们，如果等不及，那就永远也等不到。小小的水滴，力量微弱，若无耐心，又怎能滴穿坚硬的石头？

生命中许多美丽的一刻，也无不是在等待中酝酿的。离家许久未曾归来的孩子，失散已久的亲人朋友，展示自己的恰当机会，怦然心动的完美爱情……就像《一代宗师》的那句台词所言：“世间所有的相遇，都是久别重逢。”

等待，是人生中必经的过程，它就像破茧成蝶前的孕育，又像香醇美酒开坛前的酝酿。等待，是为了更好地出发，让人更好地体味出发的快乐。所以，在未曾达成心愿之前，把希望寄托于未来，学会如何取舍，懂得如何在独自徘徊的时候，领悟等待的价值。

记得有人曾经把等待比喻成一个空心的圆，他说：“即使里面是空的，也不影响它存在的价值。”纵然，等待的结局未必都是圆满，但那份坚持与坚定，却可以支撑一个灵魂，努力地排除万难，在生命的旅途中走得更远。

就算走了弯路，也不会一无所获

在青春的路口，曾经有那么一条路若隐若现，召唤着我。

母亲拦着我："那条路走不得。"

我不信。

"我是从那条路走过来的，你有什么不信呢？"

"既然你能从那条路走过来，我为什么不能？"

"我不想让你走弯路。"

"但是我喜欢，我也不怕。"

母亲心疼地看了我好久，然后叹口气："好吧！你这个倔强的孩子，那条路很难走，一路小心！"

上路后，我发现母亲没有骗我，那条路确实是条弯路，我碰壁，摔跟头，有时碰得头破血流。但我不停地走，终于走过来了。

坐下来喘息的时候，我看到了一个朋友，自然很年轻，正站在我当年的路口，我忍不住喊："那条路走不得！"

她不信。

“我母亲就是从那条路走过来的，我也是。”

“既然你们都可以走过来，我为什么不能？”

“我不想让你走同样的弯路。”

“但是我喜欢！”

我看了看她，看了看自己，然后笑了：“一路小心。”

我很感激她，她让我发现了自己不再年轻，已经开始扮演“过来人”的角色。同时患有“过来人”常患的“拦路癖”。

在人生的路上，有一条路每个人都非走不可。那就是年轻时候的弯路，不摔跟头，不碰壁，不碰个头破血流，怎能炼出钢筋铁骨，怎么才能长大呢？

以上这段文字，是节选自一代才女张爱玲的一篇文章，题目就叫《非走不可的弯路》。在成长的路途中，总有一些好心人提醒我们，劝说我们，那条路行不通，要走这边。但张爱玲用她灵动的笔和敏感的心告诉世人，“有一条路每个人非走不可，那是年轻时候的弯路”。

在世人印象中，弯路并不招人喜欢，往往弯路前面还会竖立起“前方弯路，请小心驾驶”的提示牌。然而，大自然中的万物存在却蕴含着另一番道理：你是否注意过，溪水从来都不是一路笔直而下，总是弯弯曲曲？它一路欢歌流淌，沿着它奔跑的方向，留下了动人的图景；你是否注意到，上山的小路从来都不是一马平川而是蜿蜒曲折？它如蟒蛇一般缠绕在山间，因势而动，给人以惊心动魄的震撼。

自然界中没有一通到底的顺畅，往往蜿蜒盘旋之处才有落英缤纷之景。人们似乎也逐渐从大自然中汲取到了一些“人生养分”：一位学交通管理的朋友说，在设计高速公路时，并非笔直如射线的道路就是可取的，有时候某段路太直了，还必须要人为地拐点弯。这段人为设计的弯路，姑且就叫“必要的弯路”。这是因为，太过笔直的路会导致人们习惯性地加速再加速，放松意识，从而频发交通事故，反倒是欲速则不达了。在高速公路上人为地设计出一些弯路，就是要告诉司机，高速路不光是一路畅通到底，也有弯道，头脑中始终需要绷紧安全的弦，谨慎驾驶，从而有效降低事故风险。

每一程的人生里都有一条弯路，珍惜每一次转弯，它是年少时的胆大妄为，记录着我们成长的印迹；它是学生时代的贪玩本性，用成绩单上的红色数字警示我们；它是长大后的暂时失败，把经验铭刻入我们的心底；它是我们走出坎坷、奋然前进的动力，重新将人生引上正确的航线。

也许，的确还有更好的路，但事前却真的很难判断哪一条路是最优的。我们能做到的，就是把一条路走透了，走深了，在深入的过程中总会有意想不到的收获。哪有什么一步到位的梦想，若是没有弯路的“徒劳”，我们又怎么能辨别出正确的方向？哪怕一时间你感到什么都失去的时候，也请记住，“我已经爱过，恨过，欢笑过，哭泣过，体味过，彻悟过……只要我认真地活过，无愧地付出过，人们将无权耻笑我是入不敷出的傻瓜，也不必用他的尺度来衡量我的值得或者不值得”。

所以，对于前途中那些未知的弯路，因为它的“必须”，也就不必胆战心惊、踯躅不前。弯路上的峰回路转，曲折时的曲径通幽，都无时不刻地提醒着人们失望与希望的辩证。在一片云淡风轻中，各处景色尽收眼底，每一处都有其独特的美丽。

周末，她和朋友一起去郊外爬山。山并不高，却十分陡峭。上山的路有两条，一条是盘山公路，从山脚蜿蜒到山顶；另一条是笔直的云梯，比盘山公路少了一半多的路程。

山脚下，她和朋友选择了两条路：她走云梯，朋友走盘山公路，约定好在山顶会和。出发时，她还暗自埋怨朋友犯傻，有近道不走，偏要绕弯路。

沿着云梯，她一阶一阶地向山顶赶去，一路上，两旁除了杂草就是参天大树，头顶上的天被遮住得只有巴掌大。路倒是很直，没一会儿工夫她就爬到了山顶。

半个小时后，朋友不急不缓地上来了，见她在凉亭坐着，一步上去便说：“太可惜了，你没和我走盘山公路！这一路上，东面是楼群林立的市区，南面有如镜般的湖泊，北面，一望无际的金黄麦地简直太迷人了……看着这些，我的心情越来越辽阔，越来越欢快。”

她不以为然地听着，那条路上真的能看到那么多美丽的风景吗？她决定下山时和朋友一起走盘山公路。

果然，下山时，天高气爽，城市、田野、山村、河流，尽收眼底，每一处都有独特的美丽让人流连。她这才感受到，爬山不仅是为了登顶，更是欣赏沿途的风景。

人生也应如此，多些弯路，也多些美感。不要怕走弯路，经历过酸甜苦辣的人生才是一种最完整的人生。就像法国作家司汤达生前给自己写的墓志铭所说："亨利·贝尔，米兰人。活过、爱过、写过。"无论岁月的刀尖怎样划过，终究不会隐没那些当时看来未知痛苦、事后回忆温暖光鲜的经历。

每个人的青春里都有一条弯路，如果你现在正走在一条看起来没有未来的弯路上，别着急，别担心，你只有一直走下去，才会明白自己想要的是什么。那些曾经的未知，无人可替代，无人可帮助；即使一无所有，还有未来在。

慢慢来，没有一蹴而就的好事

被犹太人奉为经典读本的《塔木德》中有句名言：“别想一下就造出大海，必须先由小河川开始。”这和我们中华民族的古训“不积跬步，无以致千里；不积小流，无以成江海”有着异曲同工之理。犹太巨商大多是从最底层的工作开始做起的，报童、小贩、电焊工……不一而足。他们共同的特点就是，耐心将基础做实，一步一步向着自己的人生目标靠近。

地产大亨王石在被问及“有什么建议给年轻人”时，他做了如下回答：“年轻人不要急于把职业选择和自己的终身目标联系在一起。就像我这样，当过兵，到深圳闯荡之前，当过工人，当过工程师，当过机关干部，虽然那时我不知道将来会做什么，但是无论做什么，喜欢不喜欢，我都认真做。你可以不感兴趣，可以当成临时的事情，但你也得把它做好。”

正如老辈人所说的那样：只有踏踏实实做人，认认真真工作，才能取得实实在在的成果。那些取得丰硕成果的人，并不是一开始便居于高位，更不是他们有一步登天的本领，而是通过踏踏实实的行动从基层干起，一步一个脚印地向前迈进。所谓心急吃不了热豆腐，奢望一步到位，最后只能迷失在各种选择各种诱惑中，经受不住途中的磨炼和考验。反之，只有认识到眼下工作的重要性，体会到基层的充实，才有可能收获不空虚的结果。

不要轻视自己所做的每一件事，即便是最普通的，也应全力以赴、尽职尽责地去完成。通往成功的道路向来都是呈螺旋或阶梯式上升的，只有一步一个脚印地往前走，成长的步子才走得稳，收获的成果才结得实。

从另一方面来讲，大目标往往都是由若干小目标组成的。之所以在现实中有很多半途而废的情况发生，正是因为那一蹴而就的高度让我们望而却步。换句话说，人往往不是因为失败而放弃，而是因为倦怠而失败。若是懂得把一个大目标拆分成若干个小目标，分步进行，逐级而上，那么既能增加成功的概率，也能给自己带来一个个小目标实现后的成就感。

1984年的东京国际马拉松邀请赛中，一举夺冠的是一位名不见经传的日本选手，山田本一。众所周知，马拉松比赛比的就是体力和耐力，而这个其貌不扬的矮个子选手又是靠什么独门秘笈取胜的呢？当记者采访他时，山田本一轻描淡写地说：“我只是凭智慧战胜对手。”对此，外界一片唏嘘，都认为这个偶然跑到前面的选手是在故弄玄虚。

两年后，意大利国际马拉松邀请赛上，山田本一又一次获得了世界冠军。这一次，记者更正式地请他谈谈经验。性情木讷、不善言谈的山田本一回答的仍然是上次那句话：用智慧战胜对手。这回记者在报纸上没再挖苦他，但对他所谓的智慧还是迷惑不解。

十年后，山田本一在他的自传中终于揭开了谜底，他这样写道：“起初参赛时，我并没有发现这个秘密，而是像大多数人一样，把目标定在40多公里外终点线上的那面旗帜上。结果跑到十几公里时，我就疲惫不堪了，我被前面那段遥远的路程给吓倒了。后来我在每次比赛前都乘车把比赛的线路仔细看一遍，并把沿途比较醒目的标志画下来，比如第一个标志是银行，第二个标志是一棵大树，第三个标志是一座红房子……这样一直画到赛程的终点。比赛开始后，我以百米的速度奋力地向第一个目标冲去。等到达第一个目标后，我又以同样的速度向第二个目标冲去。40多公里的赛程，就被我分解成这几个小目标轻松地跑完了。”

山田本一说的话不错。众多心理学实验让专家们得出这样的结论：当人们的行动有了明确目标，并能把自己的行动与目标不断地加以对照，进而清楚地知道自己的行进速度和与目标之间的距离，人们行动的动机就会得到维持和加强，就会自觉地克服一切困难，努力达到目标。

在人生的旅途中，但凡稍微具有一点山田本一的智慧，沉下心来，像上楼梯一样一步一个台阶，把大目标分解为多个易于达成的小目标，踏踏实实地走好每一级台阶。那么，我们不仅能体验到成功的喜悦，而且一生中的懊悔和惋惜也许就会减少许多。要记得，没有一种付出，回报的是谴责。

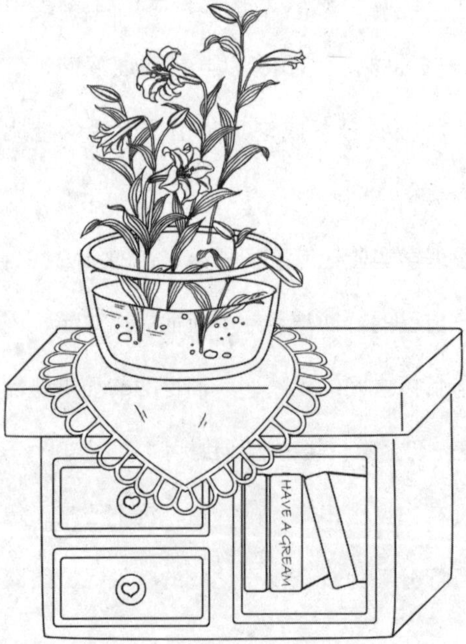

像树一样把根深深地埋进土里

尼采曾说：“树之所以能长成参天大树，是因为它把根深深地埋入了土里。”大自然赋予了人类太多的象征，之所以有海纳百川，不在于大海本身的浩渺，而是因为它地势的低洼。事物发展的规律总是从小到大，从低到高，所以很多时候，我们需要脚踏实地地去积累，才有可能实现自己心中的梦想。

有个英文名叫“Dream”的“最励志保安”，就是通过自己的亲身经历告诉人们，他是怎样从一个名不见经传的前台保安，到腾讯研究院的产品经理。用他自己的话说，“职业无贵贱，只要努力，机会一定有”。

“Dream”名叫郝建一，和很多立志要去大城市奋斗的年轻人一样，大学毕业后，他来到了北京。在这个竞争激烈同时又机会众多的城市里，郝建一的目标很清晰，“先找最容易上手的工作，就不用向家里要钱了，然后再看兴趣，择机跳槽”。来到北京的第三天，郝建一就到了腾讯北京公司所在的物业部做了一名前台保安，这让他至少在北京先安顿下来。

这份工作的不易，比郝建一当初想的还要苦，每天最少要站7.5小时，有时超过10小时，他的脚很快磨出了茧子。

就是这样，也没能磨灭郝建一的理想，他一直琢磨如何让自己变“强大”。读书，成为了他实现理想的第一步。工作再忙，郝建一都要抽出时间阅读，他把在学校时认为有用的教材都带在身边，起初主要是温习专业知识，后来渐渐发现产品经理这个职位很适合自己，于是便开始有意识地搜集、学习这方面的知识。

一年后，腾讯研究院的一名负责人找到郝建一，半开玩笑地问他，要不要来做数据标注的外包工作？凭借着电脑的熟练操作和计算机的相关知识，郝建一通过了层层选拔，正式成为了腾讯的一名外聘员工。

不到半年后，郝建一又从基础的数据标识岗位，一跃成为了腾讯输入法组的产品经理。他一直都知道自己想要什么，在做什么。在郝建一看来，自己能有今天，90%靠努力，10%靠机遇。他相信，只要努力，机遇就一定会有，关键在于目标够不够明确，行动够不够坚决，付出够不够多。

很多颇有成就的人都是由低处做起，从小事着手。为了有朝一日的“高就”，他们懂得时间的优化组合，心甘情愿把重心放低，天天有进步，月月有提升，年年有改变，最终一步步走向成功的彼岸，而这是放之四海而皆准的道理。

美国著名作家马克·吐温就曾经为一位年轻人提出了“求职三步

曲”。起初，一个刚从大学毕业的年轻人慕名给马克·吐温写信，信中表明了对马克·吐温的敬仰，同时说明自己刚刚走出校门，想到美国西部当一名新闻记者，又由于人生地不熟，特意请求马克·吐温先生帮忙推荐一份工作。

对此，马克·吐温回信告知了年轻人三个步骤：“首先，你可以去一家报社应聘，告诉对方你不要薪水，只想找到一份工作来锻炼自己；接下来，如果你能成功上岗的话，那就要努力去干，默默做出些成绩，然后逐渐提出自己的要求；一旦你能成为业内经验丰富的资深人士，第三步自热而然就会发生——那些更好的职位就会向你抛来橄榄枝。”

年轻人认真地按照马克·吐温的“三步曲”去做，不仅在职场上获得了“一席之地”，而且没过多久便得到了他心仪的“好职位”。

无独有偶，几十年后的美国，同样是一位刚毕业的年轻人，一心想在美国求得一份职位。不同的是，这位“刚毕业”的年轻人，有的是博士学位。这样一来，求职的标准自然不能太低。没想到，由于缺乏工作经验，许多家公司都拒高学历于门外。想来想去，他决定收起所有的学位证明，以一种最低身份再去求职。

果然，这回没费多大力气，他就被一家公司录用为程序输入员。这对一个博士来说，简直是高射炮打蚊子——大材小用，但他仍然干得认认真真，一点也不马虎。不久，他的才华渐渐显出：他能找出程序中的错误，这可不是一般程序输入员可以做到的。老板特意表扬了他，这时，他才亮出了学士证书，也自然换得了一份与本科生相称的工作。

过了一段时间，老板发现这个年轻人时常能提出一些独到而有价值的建议，远比一般刚踏出大学校门的学生强。这时他又把硕士证书拿来，老板见后又提升了他。

半年后，老板发觉他在这个工作岗位上仍然可以比较轻松地做好，就约他详谈，此时他才拿出了博士证。这时老板对他的水平已经有了全面的了解，便毫不犹豫地重用了他——而这个职位，正是这位博士生最初理想的目标。

一个介意“低就”的人，只能说明在乎表面的颜面远胜于心中的大志。积弱图强，守弱保刚，就像压紧的弹簧不是为了永远蜷缩弯曲，而是为了有朝一日的迸发。在“低就”中积蓄力量，磨练意志；在不断的自我完善中，“高成”才有所期待。

星期六

走过蔷薇与荆棘，不失有趣的灵魂

漂亮的脸蛋千篇一律，有趣的灵魂万一挑一。世上只有一种英雄主义，就是认清生活的真相之后，依然热爱生活。保持有趣的灵魂，无论世界变成什么样，依然能让生活有滋有味。

生命还有什么，就去享受什么

一位瓷器收藏爱好者，费了好一番劲才买得一只明代官窑的瓷碗。对这件珍品，他爱不释手，每天都是看了又看，擦了又擦。有一天，他不小心失了手，瓷碗掉在地上摔得粉碎。他心疼坏了，此后的每天都望着那堆磁碗的碎片茶饭不思，唉声叹气，人也变得憔悴起来。他的身体每况愈下，没过几年竟因病去世了。临终前，他的手里还紧紧地握着瓷碗的碎片。

失去心爱之物的痛苦不难理解，可惜到了生命的最后关头，他也未能明白覆水难收的道理。再怎么悲伤，也无法使破碎的古瓷碗恢复原样，与其抱残守缺，不如学会接纳和适应。毕竟，生命的乐趣与美好不只是一只瓷碗，还有更多值得去品味和感悟的东西。与其去留恋那些不在了的人事，不如去享受还剩下的东西。

已故的美国小说家布斯·塔金顿，曾经一度把这句话挂在嘴边："人生的任何事情，我都能忍受，只除了一样，就是瞎眼。那是我永远也无法忍受的。”造化弄人，在他60多岁的时候，偏偏就遇上了自己最怕的事：他的视力减退，一只眼睛几乎丧失了全部的视力，另一只眼睛也濒临失明。

面对这样的结局，塔金顿是什么反应呢？或许，连他自己都没有想到，他竟然可以很开心地接受了这一事实，并且运用自己的幽默感来描绘身体的感觉。当那些最大的黑斑从眼前晃过时，他说：“嘿，就是这些家伙，不知道今天天气那么好，它们到要哪儿去？”

当塔金顿彻底丧失视力后，他说：“我发现我能承受我视力的丧失，就像一个人能承受别的事情一样。要是我五个感官全丧失了，我也知道我还能继续生活在我的思想里。”

为了恢复视力，塔金顿在一年内接受了12次手术。他知道，自己无法躲过动手术的事实，唯一能够减轻痛苦的办法，就是痛痛快快地接受它。当他跟其他病人们在一起时，他还会努力说一些让大家开心的话。在手术的过程中，他总是安慰自己说：“我是多么幸运啊，现代科技的发展，已经可以给眼睛这么精细的器官动手术了。”

常人在面对12次以上的手术，以及不见天日的生活，恐怕很容易陷入沮丧和绝望中。但塔金顿却没有，他从中意识到，生命所能带给他的，没有什么是他力所不及且无法忍受的。所以，他选择了愉快地接纳，享受还可以享受的一切，哪怕是不够美好的东西。

人生充满了未知，没有谁能够预料到明天发生的事。如果明天是艳阳高照，我们自然乐意享受和熙的日光，但若是雨雪风霜，也该去笑着领略生命在凛冽中的坚强。当不幸发生时，就该有勇气去承受悲惨的命运。这种承受，不是沮丧地承认它的存在，而是相信自己可以带着伤痛获得更好的生活，成为命运的设计师。

米契尔曾是一个不幸的人，在一次意外事故中，他全身65%以上的皮肤都被烧坏了，整形手术做了16次。手术后的他，仍旧无法像正常人那样生活，他无法拿起叉子，无法打电话，甚至无法独自去厕所。庆幸的是，作为一名退役的海军陆战队员，部队的经历给了他顽强的意志力，他不觉得自己一辈子就这样了，而是坦荡地说："我完全掌握我的人生之船，我可以选择把目前的状况看成倒退或是一个起点。"

谁能够想象得到，六个月后，米契尔竟然可以开飞机了！他在科罗拉多州买了一幢房子，一架飞机，还有一间酒吧。他还跟两个朋友合资开设了一家公司，专门生产以木材为燃料的炉子，这家公司后来成为佛蒙特州第二大的私人企业。

生活刚刚起死回生，不幸却再次降临。在他开办公司后的第四年，他驾驶的飞机在起飞时掉回跑道，将其胸部的12条脊椎骨压得粉碎，腰部以下永远瘫痪！他也不能理解，为什么这样的事情总是发生在自己身上？但既然发生了，他也只能告诉自己：接受吧！

米契尔没有因为医生的话而沮丧，他努力让自己达到最高限度的独立自主，而后他被选为科罗拉多州孤峰顶镇的镇长，负责保护小镇的美景和环境，不让其因矿产的开采遭到破坏。再后来，他拿到了公共行政硕士学位，继续他的飞行活动、环保运动，以及为了竞选国会议员而开展的公共演说，还完成了自己的终身大事。

说起自己的遭遇，米契尔坦言："我瘫痪之前能做1万件事，现在我只能做9000件，我就把注意力放在我还能做的9000件事上。我的人生曾遭受过两次重大的挫折，但我没有把它们当成放弃努力的借口。或许，你们也可以用一个新的角度，来看待一些一直让你们裹足不前的经历。你可以退一步，想开一点，然后对自己说'没什么大不了的'。"

接受不能改变的，享受手中还拥有的；不去抱怨失去的，多想想未来还能创造的。生活于任何人来说都不是坦荡的，重要的是我们要在内心保持一股积极的力量。只有这样，才能昂首阔步地走向明天。

不要把好东西留到“特别的日子”

或许是年轻时受过太多的苦，当日子一天天好起来后，她还是过着清简的日子，舍不得吃穿，但凡有点儿好东西，都要留给身边的人。

孩子小的时候，家里没什么钱，冬天基本上就是吃自家种的大白菜。偶尔，孩子也会闹脾气，说白菜不好吃，想吃点新鲜的菜。每每这时，她才意识到应该去买点鲜菜，换换家里的伙食了，若手里的钱有结余，她也会买点肉来炖。只是，餐桌上依然有白菜，孩子们不吃，她吃。丈夫夹起一点肉放在她的碗里，她总说：“我不吃，胃消化不了。”

结婚十几年后，丈夫的单位效益变好了，他的工资也涨了，家里总算摆脱了贫困，日子也逐渐好起来。丈夫说她穿得太素净，有时发了工资就会给她买一两件衣服。她试穿的时候很开心，眼角就上翘起来，挤出一道道岁月留下的鱼尾纹。她身材好，穿什么都好看，只是那些衣服买来后，她都小心翼翼地存放在衣柜里，说：“等改天出门的时候再说吧！这衣服在家里穿，忒浪费了。”

儿女长大了，都有了各自的工作和生活，她也清闲了下来。丈夫提议，要带她到外面看看，说现在有很多“夕阳团”，就是给老年人准备的。她本是不想去的，舍不得花钱，但儿女和丈夫都说，趁着现在身体还硬朗，应该去见识一下世界的奇观妙景。她同意了，跟丈夫一起报了旅行团，来了一趟10天的欧洲行。

在英国逗留时，她试戴了一条雅致的名牌围巾，配她的气质刚刚好。丈夫知道她喜欢，就买了下来，让她在旅程中戴着。她说什么也不肯，毕竟价格很贵，东西很好，她担心弄脏了，或是不小心丢了，若那样的话实在太可惜。她跟丈夫说：“留着吧，万一以后有什么特殊的日子，戴出去还是新的。”

当那条丝巾再次从柜子里拿出来时，高昂的价格标签还在上面挂着，此时距离那次出境游已有五六年的光景，而她也因癌症离开了这个世界。丈夫抚摸着那条丝巾，对儿女们说：“你妈一直舍不得用，她想等一个好日子再用……以后，不要把好的东西留到特别的日子用，活着的每一天都是最好的日子。”

回想一下，你是不是也曾犯过这样的错误？或者说，此时此刻就有这样的想法？

总想着等忙完这个项目一定好好休息，结果忙完了之后，又马不停蹄地接手了新任务？总想着找点时间看看书，手里却一刻不停地刷着手机屏幕？想到外面新开的餐馆尝尝鲜，却因为家里有两份剩菜而打消了念头？

买了一套精美的茶具，想着有客人来的时候拿出来共赏，结果搁置了两三年却忘了拿出来？想跟老朋友聚一聚，却总是说“找机会”……我们总在等着“将来”，等着“某一天”，却忘了活着的每一天都是最珍贵、最特别的日子。

苏联作家奥斯特洛夫斯基在《钢铁是怎样炼成的》里有一句名言：“人生最宝贵的是生命，生命属于人只有一次……”是的，生命只有一次，只有珍惜活着的每一天，享受活着的每一秒，才会在离开世界的那一刹那不觉后悔。

有个女孩因接受不了男友移情别恋的事实，变得魂不守舍、精神恍惚，甚至想到了自杀。朋友去看她的时候，只说了一句话：“好好活着，我们将来要死很久。”这句话深深触动了女孩的心，把她从绝望的泥沼中拉了回来。

许久以后，她跟朋友说：“没有一个人在面对死亡的时候可以无动于衷，即使你下定决心想结束生命，但真的要去做这件事时还是会害怕。我很庆幸自己悬崖勒马，没做出那么极端的事，也谢谢你让我明白，我的生命不是为了一个离开的人而存在，而我们也没有掌控生命长短的权利，活着的每一天都是奇迹，都应当珍惜……”

人生是一列单向行驶的列车，没有往返车票。很多时候，我们总觉着人生还长，日子还多，有些东西要留到“特别的日子”再去用，有些事情可以等到“将来”和“某一天”再去做，可无数个现实中的遗憾故事告诉我们，谁也不知道明天和意外哪个先到来？

趁父母健在，多抽点时间陪陪他们；趁自己还年轻，多看看外面的世界；趁还有机会，多向爱人表达你的情意；趁还来得及，多去做自己喜欢的事情……时间是不等人的，别等到再没有能力和机会去做这些事的时候，才去后悔。活着的每一天都是特别的日子，都是弥足珍贵的日子。珍惜每一天，享受每一天，这才是应有的生活态度。

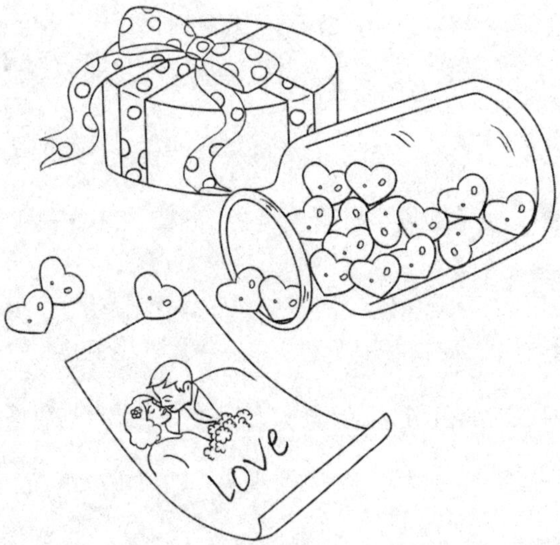

莫怕岁月，活着是多么可喜的事

张小娴曾经说过：“我们害怕岁月，却不知道活着是多么地可喜。我们认为生存已经没意思，许多人却正在生死之间挣扎。什么时候，我们才肯为自己拥有的一切满怀感激？”

荒诞小说《自杀俱乐部》讲述的是一个专门为准备自杀的人服务的俱乐部，它让想自杀的人在这之前享受所有的人间快乐。有两个想轻生的青年男女在这里相遇，在享受人间快乐的过程中他们又相爱了。不知不觉中，他们都认识到自己原先的想法是多么愚蠢，并准备放弃自杀的念头而继续活下去。可惜的是，毒气已经放了出来，生死已经由不得他们。在死亡面前，人生的一切真谛都突现在脑海中，但残酷的现实是：虽已大彻大悟，但一切为时过晚。

人性的一个共同弱点就是，对没有得到的东西心驰向往，而对现有的却视而不见。只有在失去自己现在所拥有的东西时，才倍感它的珍贵与不可替代。这篇荒诞小说虽然离奇，却仍然让人唏嘘感叹。

现实生活总是残忍得可怕却叫人不愿却又必须直视。很多时候，明明已经使尽全力，却还是会感到巨大的无助。得不到的时候战战兢兢，生怕自己还没强大到足以匹配想要的东西；得到了之后更加如履薄冰，拥有的不多只会更加不舍得失去。

某心理网站的论坛上，有这样一篇帖子获得了很高的点击量，并被版主贴上了“精华”的标识，恐怕是其中的文字道出了许多人的心声：

有人说，早在游戏之初，你的属性就规定了你就算能量满血，也不够人家的一半，又怎么可能比得过人家！可是在最初被规定的项目里，除了属性之外，还有不能够轻易离开这局游戏——那就只能让自己好好去享受。每一次打怪都是一次历练，也许打够一百只小怪兽还是不能够达到想要去的地方，但也不能因此半路就返航。就像有人总埋怨现在奇葩横行，极品当道，可是这世界的规律，本来就没有人理应遇到和善明理的人。碰到好运跟善意，是值得万分感恩的福分，自当好好珍惜；如果没有碰到，原本也是再自然不过的事情。

写这个帖子的人应该是体验过活色生香的美好，也经历过暗无天日的糟心。他说，在年底逼近，回家过年的氛围慢慢浓厚的晚上，深夜加班回去，在公交车上跟家人通电话，听他们絮叨些家长里短的小事，会觉得自己也是被爱着的，被需要着的，在这偌大的世界中，一下子就很安心。

文章的结尾，这样一句话被标为粗体，异常醒目：“要求不高就容易养活，穿得暖吃得饱睡得好就很满足。还是那句老掉牙的话：拥有的都是侥幸，失去的都是人生。做个容易被取悦的人，有人爱着，有人可爱，还活着，还有希望，就很庆幸。”

我们时常会有这样的错觉：得不到的才是珍贵，已经拥有的，都很廉价。得不到的，因为缺少深入的了解，使它一直保持了一种美好的假象，展示给我们一个绚丽的外表。如果有一天你距离它近了看清了真相，你才发现，它和我们拥有的竟是那么的相似。别把眼光停留在想象中，你拥有的都是你的幸福。

有一个家财万贯的富翁，凡是能用钱买来的东西，他一点都不吝啬地买回来享受。只是，除了一掷千金的快感之外，他觉得自己一点也不幸福。这让他十分不解。

就在这种困惑的日子里，有一天富翁突然想出了一个主意：将家中所有贵重物品、首饰、黄金、珠宝通通装入一个大袋子中，开始去旅行，他决定只要谁可以告诉他幸福的方法，他就把整个袋子送给谁。

时间一天一天的过去了，眼看一个多月过去了，富翁也离开家走了三四个地方，可仍然没有找到他心目中的“大师”。这天，途径一个小村庄，村民知道了富翁的来意，便好心告诉他离此不远处有一位老师傅，如果他也没办法的话，恐怕世间再无人可解。

富翁非常激动，谢过村民后直奔那位老师傅的住处。果然，如愿以偿地见到了“大师”。富翁上前开门见山地说：“我只有一个目的，只要你能告诉我幸福的方法，我一生的财产都在这个袋子里，全都送给你！”

此时天色已晚，趁着黑夜，老师傅抓起富翁手上的袋子就往外跑去。还没等富翁反应过来，老师傅早就消失在夜色之中了。惊呆了的富翁这时才意识到自己被骗了，一路又喊又叫地追了出去。可毕竟人生地不熟，没跑多远就迷了路。

第二天，正当富翁几近绝望的时候，老师傅奇迹般的出现在他面前，手里拎着昨天拿走的袋子。富翁见到失而复得的袋子，一把抓过来抱在怀里直说："太好了，太好了！"

此时，老师傅笑笑，不慌不忙地问富翁："你现在感觉如何？幸福吗？"

"幸福！我觉得自己真的太幸福了！"

老师傅解开了谜底："其实这并不是什么特别的方法。只是人们对于自己所拥有的一切都视为理所当然，所以不觉得幸福。其实你现在怀里所抱的袋子与之前的是同一个，你欠缺的只是一个失去的机会，这样你马上就会知道你所拥有的有多重要。现在，你还愿意把它送给我吗？"

反观一下我们自己，是不是多多少少也都和这个富翁一样，当失去或缺乏某些东西时念念不忘，一旦拥有了又容易忽视它的存在？或许，我们每个人欠缺的，都是一个失去的机会。人最大的不幸，就是不知道自己是幸福的。我们很少想到自己还拥有什么，对于失去的、欠缺的却一直念念不忘。所以说，上天为了要使我们有看见的能力，就安排了各种失去的课程。借由失去，让人学习"看见"的能力——看见自己拥有的幸福。

世间有一种美好叫作且行且歌

你相信吗，一群海鸟会因为找不到“彼岸”，宁可死而不愿飞？

是的，这是被科学家证实了的：在茫茫无野的大西洋海域，时而能看到一个庞大的鸟群在浩瀚无限的海面上空久久地盘旋，并不断发出震耳欲聋的鸣叫。更令人惊异的是，许多鸟在盘旋许久后，义无反顾地向茫茫海底冲去，不断激起了海面上的阵阵浪花。

这种现象被鸟类学家所关注，经过长期研究后发现，来自不同方向的候鸟，会在大西洋中的某一点汇合。就在海鸟葬身的地方，几百年前曾经是个小岛。对于来自世界各地的候鸟们来说，这个小岛是它们迁徙途中的一个落脚点，一个在浩瀚大海中不可缺少的“彼岸”。在它们极度疲倦的时候，可以在此栖息。

后来，在一次地震中，这个无名的小岛沉入大海，永远地消失了。

可是，对于迁徙途中的候鸟们来说，它们并不知道那个被淹没了的“岸”已经没有了，仍然一如既往地飞到这里，希望稍作休整，摆脱长途跋涉带来的疲惫，积蓄一下力量，从而开始新的征程。

可叹的是，茫茫大海上再也没有那个能给予候鸟希望的小岛。早已筋疲力尽的鸟儿们只能无奈地在“彼岸”上空盘旋、鸣叫，盼望着奇迹的出现。当它们把最后一丝气力也耗尽的时候，彻底绝望的候鸟只能将自己的身躯化为汪洋大海中的点点白浪。

在紧张忙碌的生活中，在人生漫长的“迁徙”旅途中，每个人都有身心疲惫的时候，都需要有一个可以休养生息的地方。前行的脚步走多了，不妨让自己停一停，喘上一口气稍事休整，让心灵有个落脚的岸。不要像那些海鸟一样，非要等到自己筋疲力尽却找不到落脚地的时候，才意识到“彼岸”已经远去。那时，无论怎样后悔也都晚了，只能将自己的生命一头栽进物欲横流的海潮之中。

人生不是一桩紧急事故，根本没必要事事都严阵以待，更没有必要拼命地把它当成紧急事故去处理，求得一个结果。著名作家史铁生说过：“目的皆是虚无，人生只有一个实在的过程，只有重视了切切实实的过程，生命才能更为厚重，也不至于整天被目的的痛苦所束缚。”

在追求美好生活的道路上，奋斗是理所应当，而节奏和心态的调整更是不可或缺。周围的大环境越是紧张忙碌，就越需要一种定力，越应该学习怎样去放慢脚步，放松心灵。这就是现代社会中新近兴起的“慢生活”，是对健康、对生活珍视的一种理念。

这里的“慢”，并非速度上的绝对慢，而是一种意境，一种回归自然、轻松和谐的意境。放慢速度也不等于拖延时间，它只是要我们在生活中寻找到一个平衡点，享受人生的美好，享受树木、花朵、云霞、溪流、瀑布以及大自然的形形色色，享受艺术、旅行、读书等精神上的补给。就连诺贝尔文学奖获得者米兰·昆德拉都曾经疑问："慢的乐趣怎么失传了呢？"他感慨道："古时候闲荡的人到哪里去啦？民歌小调中游手好闲的英雄，漫游各地磨坊、在露天过夜的流浪汉，都到哪里去啦？他们随着乡间小道、草原、林间空地和大自然一起消失了吗？"从这些话语中，我们感受到了田园风光的秀美，也悟出了大自然对悠闲生活的重要。

在歌手梁咏琪的博客中，曾看到这样一段话："生命就好像坐地铁，我会享受过程，也许本来要到一个站，还没到呢，突然想下车便下车。我乘飞机也总是很开心，即使很长路途，也不急于下飞机，我会沿途欣赏，结局也好，终点也好，反正都不急于知道。"

她是一个懂得如何优雅舒适地慢生活的女人，这样从容的心态使她有更多的时间去细细品味生活。你我也一样，以出世之心，做入世之事。哪怕任由思绪的音符在心底荡起团团柔和的涟漪，亦是一种卸载与放松。

比如，选择一些能引领你体验一种情感并带来心理安慰的音乐，全神贯注地倾听，让自己沉浸于怀旧温暖的感受中，释放身心。或者，尝试去做瑜伽、慢跑和伸展运动，不断收紧和放松你身体上的肌肉，直到感觉轻松。又如，哪怕你什么都不做，就那么静静地坐上几分钟，同时平缓地呼吸，在气完全吸入和呼出时暂停片刻，以收束即将发散的心神。

总而言之，只要我们能秉持一颗顺其自然的心，屏蔽外在的嘈杂和喧嚣，远离利益的对比和争夺，便不会让心灵长途跋涉后找不到归去的“彼岸”。你我皆凡人，平凡人之平常心，事来就应，事走就松。正所谓闲看庭前花开花落，遥望天外云卷云舒。行走在路上的你，是时候该给自己的心灵找一个彼岸歇歇脚，且行且歌，其乐融融。

活着就要有趣，有趣才是活着

2013年，台湾乐团苏打绿发行了全新专辑《秋：故事》。在这张专辑里，苏打绿描述的是对北京这座城市的印象：这是一个新旧交杂、中西兼并的奇异城市。

今天还看得见的城墙，明日就已成为挖土机下的碎瓦。城市更迭着脚步，却也让人感叹着未拆解的记忆。远古的历史在最新的建筑中渐行渐远，人们在胡同中穿梭，却也在资讯里浮动。在找寻希望的同时，也承受可能失望的风险；在追求瑰丽的路上，也怀念朴实的存在。进步中的价值观，繁华中的桃花源，独处时的渴望又害怕，想念时的佯装又坚强。

这些，也许就是我们现在的城市语言吧！多数上班族都过着朝九晚五的生活，这就好比棉花糖，看起来又蓬又大，稍微一张嘴，一大块就没了。如果再赶上个加班或饭局，一天基本上就结束了。人们的生活节奏越来越快，穿梭往来于浮生之中，就像一首流行歌曲中唱的那样，“为了生活，人们四处奔波”。

“你想体验一下登雪山涉大川闯大漠吗？”“探寻人类文明之旅，遇见更美好的自己。”偶尔收到几封旅游网站发来的宣传邮件，也就只看个标题就匆匆删除了。其实，即使不能登雪山涉大川闯大漠，也可以找个春暖花开的时候赏花赏月赏秋香；或者，在午后一抹阳光的照耀下，看自己喜欢的书，听自己心仪的音乐，身边还有一只可爱又奇葩的喵星人的陪伴，这样的时光不也是好的。每个人的心里都藏着一个蠢蠢欲动的小精灵，在某一角落上蹿下跳。

2013年情人节，一对“80后”夫妻经过几天自驾，终于从首都北京到了大理古城。前一年刚一入秋，夫妻俩便作出了一个重大决定：放弃在北京的生活，移居大理一年！本想着只是计划一次旅游，却成就了一场梦想照进现实的移居。用妻子的话说：“我们不是去做大事，不是去找商机，只想在一个依山傍水的地方隐居起来；去讨一个清静的日子、一口新鲜的空气、一壶雪水泡的香茶、一顿天然食材的饭菜。”

他们把自己的经历写成文字发在网上，文章中有这样一段话引起了成千上万网友的关注与羡慕：“在大理古城生活是我们一直的梦想。一个依山傍水的小镇，我们两个人，日出而作，日落而息。有纯净的空气、明艳的阳光、通透的天空、天然的水质，可以酿酒腌菜，困了就睡，闲了就喝茶读书，还有一条乖乖的大狗相伴。每天都去逛菜场，亲手做菜，研究不同的菜式……每一天，在喜欢的地方，重复做着喜欢的事情。这次，我们幸运地能在天时地利人和时，果断决定去过梦想已久的生活。”

他们说："我们俩，不远三千里，翻山越岭，不是去做大事，不是去挣大钱。我们的2013年，不要繁花似锦，只要健康、简单、快乐。"

在一个安静而有故事的城市，远离喧嚣，远离污染，与相爱之人种种菜、栽栽花、养养狗，这样平静闲逸的生活，谁不想呢？可是，又不是谁都可以做到的。说到底，还是放不下，停不住，舍不掉。其实，只要想清楚要过怎样的生活，这些并不需要特别的勇气。对未知世界的惶恐和担心可能每个人都会有，但那些懂得忙里偷闲的人更惧怕的，是一年如一日的麻木生活和年老后的追悔莫及。

佛家有句禅语说，智慧不一定就在前面，说不定就在身后，只要放松身心，随着自然的节拍，也能得到智慧。往往，人们只要一起步就停不下来，不懂得暂时的休息，不懂得体验生活的真正意义。其实也许就在回头的一瞬间，就发现了美的形象，乐的细节。

最好的生活应该是充满弹性的。美国著名心理咨询专家理查德·卡尔森在他的《让事情更简单》一书中建议，每天度个"迷你假"："在上班时给自己一个短暂休憩的机会，不论你在这个'迷你假期'做些什么，都会对你大有益处的。那是你的特殊时间，如果可能的话，请让它变成生活中不可或缺的一种习惯。你或许想找朋友喝杯咖啡、吃顿午餐，清晨一起去散步，或一个人上网、跑步、看日出、溜狗、静坐冥想等等，只要做任何能使你放松的事情即可。'迷你假期'不仅能帮你减压，还是调整身心的重要枢纽。"

放松不是放任，也不是放弃。

放得下，撇得开，不苛求，不激进，反倒会让人多几分清醒、镇静和自信。无论是想踮着脚尖在木地板上舞蹈，还是想坐在敞开玻璃、风吹窗帘的窗台上看一下午的书，抑或骑着脚踏车、载着暖日和风去郊游，只要卸下一些“匆匆”，都可以。

人生不是赛跑，在这程旅行中，每一步都有值得驻足欣赏的风景。“采菊东篱下，悠然见南山”是一种恬静和怡然；“山穷水尽疑无路，柳暗花明又一村”是一种惊奇和喜悦；“在天愿做比翼鸟，在地愿为连理枝”是一种温馨与甜蜜；“有酒学仙，无酒学佛”是一种淡然和随意。

自然界有忙闲的规律，春夏生机勃发，万物生长，到处燕舞蝶飞；秋冬收敛萧索，万物沉寂，处于休眠状态。人本身也是自然的一部分，也应在生命的里程中寻找生活中的情趣，享受生命中的静美。

简单的生活一样可以很精致

曾有人在描述心中“最好的人生”时，这样说道：“既有敏感的灵魂又有粗糙的神经，既有滚烫的血液又有沉静的眼神，既有深沉的想法又有世俗的趣味，既有仰望星空的诗意又有脚踏实地的坚定，经历了长夜，守到了黎明，穿行过黑暗，还相信阳光，带着强大的内心上路，脸上有谦卑的笑容，一路看山看水，走走停停。”

多么诗意的人生景象啊！尽管我们不可能全都成为诗人，但我们绝对有权利能给自己的生活插上诗意的翅膀，哪怕眼下的生活很简单、很平凡。

一位生活在南京的妈妈，看起来相貌平平，却有着一颗精巧的心：一年365天，她几乎每天都在变着花样给儿子做美食，营养健康自然不用说，更难得是她会用简单的几样食材，做成吸引孩子的图案：脸谱、金鱼、椰子树……几乎每顿饭她都拍了照片，每个星期还会公布一下具体的做法，把过程上传到博客，吸引了众多网友的关注。一时间，许多妈妈都在感叹，和这位有情调的妈妈相比，自己给孩子做的饭菜是多么“粗糙”……

一日三餐，多么平常的一件事，可是这位平凡却不普通的女性，却能让每一天都显得多姿多彩。论经济条件，她和千千万万个普通家庭没什么两样；论闲暇时间，她也需要按时按点的坐班，并不是全职主妇。唯一不同的是，她并没有把准备饭菜当成一种差事，而是当成一种享受，在花样饭菜中融进了对孩子的爱，也融进了自己对生活的爱。

曾在一间大众浴池里遇到过一位女搓澡工，她给人的印象非常特别。依照常人的理解，搓澡工都是一些中年女性，只要懂点简单的技巧就完全能够胜任，但她却颠覆了客人们的想象。她的身材很好，尽管已是奔40的年纪了，却依然玲珑有致，且皮肤并未有松弛的迹象；脸上的皮肤也很细嫩，给客人搓澡的时候，她的脸上也敷着一层面膜。更有趣的是，她身上的内衣价值不菲，且每次工作都是穿一整套，绝不是胡乱凑合。

后来得知，她其实是这家浴池的老板。最初，浴池只是一个小门帘，女搓澡工就她一个人，因为待人热情，且谈吐很有“见识”，许多客人都认准了她。现在店面扩大了，但她一有空还是亲力亲为，为的就是能多跟客户聊聊天。提到自己对生活的态度，她说：“我出去的时间有限，大都是在店里，但我从来都不愿意将就，尤其是对自己。”

许多人一提到精致，脑海里先想到的就是钱。因为精致就是讲究，而讲究必须要靠金钱来支持。其实不然，精致的更重要的是一种内心情怀，和生活的情趣。

北京一家书店的老板，年过四十，却仍旧充满了文艺气息。闲暇时，他很喜欢画画，这个爱好从十几岁时就陪伴着他。由于家里的条件不太好，当年母亲还因为这件事指责过他：“你买颜料、买画板，花了多少钱？要是真喜欢，就等有了钱再去画，不然日子怎么过？”

母亲经历过贫穷和饥荒，是一个踏踏实实过日子的人，无法理解用颜料和画板能创造什么财富。不只是母亲，周围的许多人也不能理解，说他装模作样、不切实际。

他从来都不解释，因为觉得没必要，因为金钱和艺术本就是两回事。很多人有钱，但未必懂得创造和品位高雅的生活。他对艺术是发自内心的热爱，不是为了做给谁看，更不是附庸风雅，拿出来作秀。他喜欢用画笔把自己看到的、感受到的东西画下来，这是一份对生活的感知与热爱。他经常说：“人，要有把日子过成艺术的心境。”

还有一个男生，大学毕业那年，被分配到一所偏僻的山村任教。因为地处偏远，他每两个月才能回家一趟。师范时的同学大都留在了城市，他心里怅然若失。父亲大概看出了他的心事，在他任教的第三个月，父亲一路辗转去学校看他，他感动得眼圈红了。

父亲笑呵呵地说：“这儿不是挺好的吗？有山有水，一路上全是风景。你不是最喜欢坐车的时候看风景吗？”他指着简陋的宿舍说：“您瞧瞧，这有多艰苦。”父亲说：“儿子，吃点苦是好事，有个词语叫作‘苦尽甘来’，你忘了？吃过苦，才知道甜的滋味。再说，这里出门就是大山，这才叫‘悠然见南山’呢！”听了父亲的话，他安心了许多，开始滔滔不绝地讲起了学校里的那些趣事。

几年后，男生离开了那所学校，可每每想起那段“采菊东篱下，悠然见南山”的日子，都会觉得虽简朴却充实。后来的日子，他也像父亲一样，学会了把生活过成一首诗，无论遇到什么情况，都轻松地笑笑。

看到他们的人生，或许你会对生活有另外的见解和感悟。一个人的生活，可以过得乏味可陈，也可以过得诗意浓浓，一切全在于自己的选择。不要把忙碌当成将就的理由，也不要把金钱当成精致生活的障碍，如果你愿意，如果你真的想，再平淡的日子也可以梳理出诗意的风景，再简单的生活也可以创造出精致的情景，心的世界永远比眼睛看到的世界更广阔。

星期日

余生那么长，慢慢爱，不慌张

爱情，本来是该慢慢来的，在我刚刚遇见你的时候，你也刚好爱上我，就在一起吧；想厮守一辈子了，管它嫁妆房子，有你就好，结婚生子，顺其自然。

哪怕晚一点，也要去等对的人

置身于茫茫人海，她也不过是平凡女子一枚，34岁，未婚。望着周围成双成对的背影，她的心里也不免会感到一阵清冷和孤独。为了排遣寂寞，她不断地相亲，不断地约会，逃避独处。可就像人们说的那样："狂欢是一群人的孤单。"每次回到家，她只觉得心又被掏空了许多，没有换得一丝安稳和踏实。

从二十几岁开始，她的身边陆陆续续出现过不少男人，可似乎每一个人都不是她想要的，真正的爱情宝盒，一直深藏在心里，没有任何人打开过。仅有的几次恋爱，都以失败告终。她也曾试着与对方磨合，努力说服自己欣赏对方的好，可那感觉却总是怪怪的，很牵强。有时候，她不知道自己喜欢的是眼前的那个人，还是仅仅贪恋对方给予自己的好？

日子就这样一天天地过着，她的心越来越麻木。

偶然的一次，新婚的女友问她："你对另一半的期待很高？还是只想找一个彼此相爱的人？你是无法忍受对方的缺点，还是在对方身上找不到爱的感觉？”她思量着这几个问题，而后终于明白：她要的不过是一份真正的爱情，不是单纯地被人呵护，也不是奢华的物质生活，更不是成为彼此的慰藉。

爱情，何时才会出现？对的人，现在又在何方？

女友笑笑说：“看过张爱玲的《半生缘》吗？里面有句话说得好：‘我要你知道，在这个世界上总有一个人是等着你的，不管在什么时候，不管在什么地方，反正你知道，总有这么个人。’爱情可能会姗姗来迟，但你要相信，总有一天那个人会出现。”

席慕蓉曾说：“为了与你相遇，我在佛前求了五百年。”爱情，向来都是可遇不可求。每一段爱情佳话的背后，多多少少都蕴藏着一段美丽的等待。

中国作协主席铁凝曾经在接受《南方周末》的记者专访时，谈及到她的情感生活：

1991年初夏的一天，铁凝去看望冰心。那一年，铁凝34岁，冰心90岁。

中国两代优秀的女作家，进行了一番奇妙的对话：

“你有男朋友了吗？”冰心问铁凝。

“还没找呢！”铁凝笑着回答。

“你不要找，你要等。”冰心说。

铁凝记住了冰心老人这句充满禅机的话。这一等，就是16年。

直到2007年4月26日，一则消息轰动了整个文坛：铁凝与经济学家华生结为秦晋之好。当时的铁凝50岁，这是她第一次品尝到婚姻的甜蜜。提及对丈夫华生的评价，铁凝只说了一句话：“他是我一生可以相依为命的人。我喜欢相依为命这个词。爱情是无法言说的，所谓爱情就是当它到来的时候，其他的一切都将落花流水。”

在过去几十年的婚姻空白中，铁凝铭记着冰心老人的话，她说：“一个人在等，一个人也没有找，这就是我跟华生这些年的状态。我说对爱情要有耐心，当然期望值不必过高，但不要让希望消失，我想是这样。永远不要放弃自己的期待。”

一直以来，她都渴望能够等到这样一个男人：带给她生命的喜悦，和内心的充盈。真好，她遇见了华生。当真正的爱情降临时，一切都显得是那么顺其自然，两人在慢慢的接触中感觉到，彼此就是要寻找和等待的爱人。

铁凝和华生曾经去过江苏的金山寺，那里有一块匾，上面篆刻着“心喜欢生”四个字。意思是说，如果心喜悦了，欢乐就生出来了。他们一起在苏州的山塘老街上听评弹，一起听《杜十娘》，听《太湖美》，但真正打动他们的，还是根据陆游和唐琬之词改编的古曲《钗头凤》。两个心怀柔情的中年人，在千百年的爱情绝唱中，相视一笑。他们在茫茫人海中，找到了灵魂之伴侣，这是何等的幸福。

生活中的等待有许多种：等待真爱的人出现，等待被别人挑选，等待可遇不可求的机会，等待……后面的省略号代表了未来的日子，它像一个谜，我们永远猜不到里面装的是什么。但有一点可以肯定，“人类的全部智慧就包含在这些字里面：等待与希望”。

纵观世间茫茫，似乎所有美好的事物，都是需要沉下心来慢慢等待的。品一壶好茶，烧开水，看着嫩绿的茶叶在沸水中轻轻舒展开来，慢慢融入清水中，散发出沁人心脾的淡淡幽香；又如爱情，向来是可遇而不可求。这大概就是顺其自然，随遇而安了吧。

真正的爱情和长久的幸福，绝不是为了结婚而结婚的关系，也不是委曲求全的勉强结合，而是顺其自然，水到渠成。缘分未到时，别着急去爱，天未荒地也还未老，耐心地等待。总有一天会遇到一个人，让你感觉之前经历的所有苦痛，都是值得的。那时，便心甘情愿。

真正的爱，经得起平淡的流年

爱是什么？《圣经》里，神祇的爱意是这样说的："爱是恒久忍耐，又有恩慈；爱是不嫉妒，爱是不自夸，不张狂，不做害羞的事，不求自己的益处，不轻易发怒，不计算人的恶，不喜欢不义，只喜欢真理；凡事包容，凡事相信，凡事盼望，凡事忍耐。爱是永不止息。"

这说的是包含所有情感分支在内的宏观大爱。回到尘世凡间，爱情是其中之一，2013年新年，谷歌互动式地图上记录的全球50万个新年愿望中，超过三分之一与爱情有关。在前一年，俄罗斯人最常向搜索引擎寻求答案的是关于爱情的问题；这一年，泰国票房最好的两部电影《爱情大凸捶》和《爱无7限》都是爱情喜剧；韩国大辞典修改了"爱情"的定义，从以前的"因异性的吸引"，改为现在的"被对方的魅力所吸引"。

"我爱你"，这三个字在2012年有一些新的说法可供参考："我心里有你"（《一代宗师》）、"你存在我深深的脑海里，我的梦里、我的心里、我的歌声里"（《我的歌声里》）、"什么时候爱上她的？当我知道我再也见不到她的时候”（《搜索》）、“我爱过一个人，一心想要和他在一起，他说他爱我，我信了”（《画皮2》）。

爱情，依然是这个世界上最为重要的非理性力量，只是，你真的爱过吗？

是甜言蜜语、海誓山盟，还是温馨浪漫、体贴入微，亦或相依相守、与子偕老？都是，也都不是。当你真的爱上一个人时，心里想的只有简单的三个字：在一起。不管贫富贵贱，无论摩擦吵闹，都只是心如磐石。

80年前的春天，湖畔诗人应修人离开的那天，妻子在他的长衫衣袋里发现一首小诗：“我爱你/如今还很爱你/纵然天地一起坍塌/可是从这败墟之中/依然有我的爱火飘飞。”

这种相依相守经受住了现实生活的考验，互相有了默契，有了理解和包容，爱才显得真切、快乐，而幸福。没有过多的要求，只是简简单单地陪在你身边，一直陪下去，至终老。

每天晚饭后，小区花园里都会有附近居民自发聚在一起的交际舞会。在翩翩裙裾、高领西裤中，有一对衣着俭朴甚至可以说有点土的中年人，格外显眼。

男人个子不高，头发倔强地立着，显出一副掩饰不住的沧桑；女人与男人身高相仿，舞步娴熟，神态自若。在偌大的舞池中，他们的舞姿算不上最美的，但却是最动人的。每当一曲终了，他们便相携走到亭廊边休息；舞曲再起，女人抬起双手，像是在空中虚无地寻找着什么，等待着男人一手搭上她的肩，一手与她相握。那一刻，借着夕阳的光亮，可以看到女人平静的脸上浮现出的一丝不易察觉的微笑，小小的幸福感，却能让人真切的体察到。

时间久了，常来跳舞的人彼此都熟络起来，才知道，原来，男人是走街串巷收废品的，收入微薄，无钱娶妻。女人因为双目失明，无所依从。从他遇到她的那一刻开始，两人便约定相守在一起，从此以后各自也都有了依靠。

对于他来讲，在走街串巷时想着家里的女人，收工回家时，看到女人靠在门边，含笑向着他回来的方向——这些时候，他是幸福的；对于她而言，男人奔波忙碌一天回到家，捎带给她一碟清淡的素菜，配上他熬的一碗粥或做的一碗面——那些时候，她也是幸福的。吃完晚饭后，他牵起她的手说，走，我们跳舞去——那一刻，他们都是幸福的吧？

“执子之手，与子偕老”并非每个人都能说出口，不是不敢说，而是说不起。爱对于每一个人来说都是一段陌生的旅程，人生有限，谁也不可能一路爱下去。最初的激情只不过是证明爱情的深度，而爱情的长度则在相处的每一个细节里。

这句只由八个字组成的话语，并不只是一种简单的承诺，更是一种平淡背后的深沉信仰：在千万人之中，在时间无涯的芳草地上，没有早一步，也没有晚一步，恰巧被我们遇上了；只需轻轻地一握，就这样牵着对方的手，一直相扶着走向永远。

被评为2006年“中国十大经典爱情故事”之一的“爱情天梯”，是一个普通山村里的普通男子，和比他大10岁的寡妇的故事。

50多年前，重庆江津中山古镇高滩村村民刘国江与徐朝清相爱。徐朝清是一名寡妇，并且比刘国江大10岁。无疑，他们的相恋引来了无数的闲言碎语。他们携手私奔进海拔1500米的深山老林，从此远离一切喧嚣扰攘。

闭塞的环境中，为了能让妻子顺利出行，刘国江一辈子都忙着在悬崖峭壁上开凿石梯通向外界，一凿就是半个世纪，凿出了六千多级“爱情天梯”。

继2007年刘国江老人猝然离世后，2012年秋，87岁的徐朝清去世。至此，她和刘国江的“爱情天梯”亦成为绝响。

由此，在媒体的寻找下，金婚的故事渐为人知：

60年前，新婚的丈夫告别妻子随部队撤到台湾。在随后的36年里，他写下500多万字的情书。上世纪80年代底，丈夫终于回到老家，自此与妻子形影不离，厮守28年直至去世。

在海南，一对耄耋老人相守半个世纪。直到今天，老太太还坚持亲自照顾老爷子的饮食起居，“一般人没法给他端屎端尿，只有我做得到”。

在一次采访中，记者问一位老人：“如果现在去天国，你打算带什么？”老人回答：“我会带上一朵玫瑰花，我好久没见我的妻子了。”

史铁生的妻子陈希米在刚刚出版的怀念散文集《让“死”活下去》中

写道：“我只想能跟你在一起安安静静地说话，听你掏心掏肺，也跟你袒露一切。那才是人最好的生活。”

从相恋结婚到相守，最好的爱应该是那种经得起平淡流年的成长：保持独立的人格，与你的恋人共同成长，在相守的途中发现新的自己和对方，将美好的时光延伸。真的爱过，其实也只是一生一世一双人，他能给你快乐和安心，你能给他理解与信任，在平淡琐碎的日子里，简单安宁，静水流深。

爱得慢一点，爱得久一点

佛缘说，每一颗心生来就是孤单而残缺的，多数带着这种残缺度过一生，只因与能使它圆满的另一半相遇时，不是疏忽错过，就是已失去了拥有的资格。生命里一半精彩一半落寞，这才是最好的青春，它不是残忍，或者别离和毁灭，而是祝愿、珍惜和永远。

其实，又有多少人不知晓这样的道理？只不过是知易行难罢了。

女人如花，多少人曾爱慕青春时的容颜，但岁月流长，是否有那么一个人，虽不能白首偕老，却始终在心里留一个位置给她，永生怀念。

男人倜傥，一生爱过几个女子或许也并不重要，重要的是，是否有那么一个人，无论何时何地想起都满心欢喜，想去见她，就像儿时所见的红蜻蜓在油亮的绿草上点点停停。

曾经，在某网站读到过一篇描写林语堂婚恋往事的文章，名为《和在一起的人慢慢相爱》，至今记忆犹新。文章开头用“可爱的老头”这样的字眼来形容林语堂，因为他说：“把婚姻当饭吃，把爱情当点心吃，那就好了。”能这样形容婚姻与爱情之间距离和关系的人，背后该有着怎样的故事?

在《八十自述》这本书，林语堂这样写道：“我从圣约翰回厦门时，总在我好友的家逗留，因为我热爱我好友的妹妹。”这个“妹妹”名叫陈锦端，是作者初恋、热恋，是直至80岁仍难以忘怀的对象，甚至久病缠身却双手硬撑着轮椅站起来，兴奋地说：“我要去看她！”而他终身所娶的，却不是这位陈妹妹，而是一位叫廖翠凤的女子。

这“不忘相思”的“老头”，便是林语堂。

1912年，17岁的林语堂远赴上海，来到圣约翰大学读书。就是在这儿，“最好的事”发生了：林语堂认识了同属一个教会教育中心的女校学生，陈锦端。用林语堂自己的话说，“她生得确是奇美无比”。才子钟情佳人，佳人爱慕才子，两人陷入了美好的热恋。

一切就像小说一样，相爱的男女到了谈婚论嫁之时，女方家长站出来，棒打鸳鸯：出身名门的陈锦端和教会牧师的儿子林语堂，怎么也是门不当户不对，在那个时代，是无论如何也得不到女方父母认可的。

然而，毕竟是书香门第，礼节还是要讲的：陈父拒绝了林语堂与自己女儿的婚事，却给他搭了另外一座桥：隔壁廖家的二小姐贤惠又漂亮，如果愿意，他可做媒。

这廖家二小姐就是廖翠凤。林语堂的横溢才气和俊朗相貌，让廖翠凤一见钟情。只是和陈家一样，廖母也不看好这门亲事，幽幽地对女儿说：

“语堂只是个牧师的儿子，家里没有钱。”廖翠凤倒是干脆坚定：“穷有什么关系？”

一个富家姑娘，不嫌贫爱富，不怕跟着心爱之人吃苦受累，除了爱她娶她，努力让她过上好日子，男人无以为报。林语堂和廖凤翠定下了婚事。

1919年1月，林语堂迎娶廖翠凤为妻。结婚当天，林语堂做了一件无人闻听无人敢做的奇事：他把一纸婚书扔到火堆，对新婚妻子说，把婚书烧了吧，那只是离婚时才用得着。也许，这就是林语堂对廖翠凤的承诺？答案，只有他们两个人知道。

婚后的生活果然如廖母所言，日子并不富裕，甚至过得辛苦。但即使在捉襟见肘的时候，廖翠凤也能愉快地和丈夫享受在一起的平常日子，简单的饭菜照样能让她做得花样百出。实在揭不开锅时，她默默当掉首饰以维持生活。

其实，廖翠凤心中深知，对于结婚前后的那段往事，丈夫始终不曾放下，但她却并不计较。在上海居住时，她常常会邀请尚未成家的陈锦端到家中做客。每每这时，林语堂的紧张局促、坐立不安，让孩子都看了奇怪。廖翠凤微微一笑，平和地对孩子说：“爸爸曾喜欢过你锦端阿姨。”后来，孩子又发现了一个秘密：“为什么爸爸的画中女子都是一个模样：留长发，再用一个宽长的夹子挽起？”林语堂也不掩饰，抚摸着画纸上的人像，说：“锦端的头发就是这样梳的。”

对于过往，林语堂并不隐瞒，大家都知道他对陈锦端的情意；但是林语堂的智慧就在于，不和生活较劲，得之我幸，不得我命。旧情再好，往事再美，不过已是云烟，最要紧的是珍惜眼前人。和在一起的这人，好好生活，岁月静好。天长日久、烟火岁月，他早已爱上了身边这位与他相知相伴的妻子。即使有拌嘴或争吵，他也总是会首先闭口不言，甚至有些得意的说这是自己独有的妙招："少说一句，比多说一句好；有一个人不说，那就更好了。"如他在书中所写："怎样做个好丈夫？就是太太在喜欢的时候，你跟着她喜欢，可是太太生气的时候，你不要跟她生气。"

时光荏苒、岁月流逝，转眼间半个世纪过去了。

1969年1月，在台北阳明山麓林家花园的客厅里，一对喜烛点燃，林语堂和妻子一起庆祝结婚五十周年。庆祝会上，两鬓斑白的林语堂牵着太太的手，面对众人，说了一段"真情告白"："我和我太太的婚姻是旧式的，是由父母认真挑选的。这种婚姻的特点，是爱情由结婚才开始，是以婚姻为基础而发展的。"说着，他把一枚精致的勋章戴到廖翠凤胸前，上面刻着一首美国名诗《老情人》，林语堂把它译成了中文五言："同心相牵挂，一缕情依依。岁月如梭逝，银丝鬓已稀。幽冥倘异路，仙府应凄凄。若欲开口笑，除非相见时。"感恩之心可见，珍爱之情可表。

在过去的一万八千多天里，他们相互之间没有计较对方付出的多少，而是一直都在"给"与"爱"。林语堂曾得意地说："我把一个老式的婚姻变成了美好的爱情。"

1976年3月，林语堂逝于香港，灵柩运至台北，葬于阳明山麓林家庭院后。廖翠凤一直守着他安度晚年，直到她与他在另一个世界再相见。

或许，真正的爱情无需计较在一起时的热烈，单看不能相守后，是否还情如当初。而婚姻，又并不一定非要以莫测的爱情为基础，她犹如一艘雕刻的船，就看怎样去欣赏和驾驭。男女互补所创造的幸福，是可以让爱情在婚姻中生长的。让尘归尘，土归土；不执念，不摧毁；不逃避，不空无，灵魂自会寻找方向。

若爱，就将爱情进行到底

“我们在雨里相识 / 一起从梦中醒来 / 你是我的珍爱 / 我真诚地期待今生不分开 / 只想用我的疼爱 / 抚平你心里的悲哀 / 用温柔的情怀 /穿过心海相爱到永远 / 我们爱一辈子好不好 / 做彼此最真实的依靠 / 你的宽容我多么需要 / 看身边的你慢慢变老 / 我们爱一辈子好不好 / 你是我生命中的骄傲 / 从陌生到牵手拥抱 / 缘分注定到天涯海角 / 我们爱一辈子好不好……”

一首《我们爱一辈子好不好》唱出了多少相爱之人的心声，可是，又有多少海誓山盟的“一辈子”，经不住岁月无情的变迁，成了措手不及的“两个人”：

台湾著名艺人陈升曾做过一件很动情的事：他提前一年预售了自己演唱会的门票，且仅售情侣套票，也就是说，一个人的价格可以获得两个席位。但有一点很特别，一张情侣套票分为男生券和女生券，恋人双方各自保存属于自己的那张券，一年后，两张券合在一起才算有效。

显然，这是个难得证明自己爱情的方式，门票一抢而空。“我们要在一起一辈子呢，一年，算什么？”然而，这看似简单美好的愿景终被赤裸裸的现实击败：第二年演唱会如期举行，在现场，专设的情侣席位果然空出了许多位子。面对那一个个空座，陈升脸上带着怪异的歉意，开始了自己的那场演唱会，名字就叫：明年你还爱我吗？

网上盛传一则短小的故事：孙女问奶奶，是什么能让你们维护一份感情长达60年？奶奶若有所感地说道：“那个年代什么东西坏了都会想要修，现在什么坏了，都想着换。”

两个人从相遇到相知，再到相恋，是美丽而充满诗情画意的，而将这种美丽进行到底，则需要深厚的缘分，莫大的勇气，更需要用心的呵护。多么轰轰烈烈的爱情，也会在岁月的洗礼中让激情慢慢沉淀，剩下平淡无奇的日子。爱不是一句台词，而是一种承诺，一种对爱的执著和坚韧。

也许，最好的爱情不用文艺，而是投石击水，不起浪花，也泛涟漪。心底的悲欢冷暖，外人无需知，天地无需晓，只要你知，他知。真爱如禅，不可说，不需说，一切自在感受。生死相隔的爱情更多的是给世人看的，白头到老的爱情才是过给自己的。

在王小波《爱你就像爱生命》中，有一封他给李银河写的信，其中一句话说：“我和你好像两个小孩子，围着一个神秘的果酱罐，一点一点地尝它，看看里面有多少甜。”王小波去世后，这封信传唱天下。

都说：“我能想到最浪漫的事，就是和你一起慢慢变老，直到我们老得哪儿也去不了，你还依然把我当成手心里的宝。”

也许，婚姻生活就是柴米油盐，重复平淡，毫无起伏，但在这些背后，却有着任何甜言蜜语都无法替代的，理解、宽容、细心体贴、相扶相持。

画家吴冠中和妻子有一张照片：飘着细雨的黄山上，他在画画，她站在后面，默默地为他举着伞……多年后，他们的爱情又是另一幅画面：她患上老年痴呆症，总怕煤气没关好，去厨房来来回回地开关煤气，他就跟在身后，她开了，他就关，从不嫌烦……

当真的爱上一个人的时候才会懂得，真爱，就爱一辈子。这种经受得住现实生活考验的爱，才显得真切而又深沉。没有过多的苛求，只是简简单单陪在身边，一直陪下去，至终老。

还在玩“过家家”的时候，我说我爱你。你正在低头认真做着手里的“家务活”，听到我的话后抬起头，眨着水晶般的大眼睛，疑惑地问：“什么意思啊？”

中考完的那年夏天，我们一起到公园划船。湖面上，我说我爱你。你的脸瞬间映上了一团火烧云，把头深深埋进胸前，摆弄着衣襟，好像在笑。

上了大学，有一年除夕夜，当新年的钟声敲响时，我把你叫下楼，在满天烟花的背景下说我爱你。我们相拥在一起，你紧紧地挽住我的手臂，恐怕下一秒我会消失似的。

刚参加工作的第一年，我把年终奖拿给你时，我说我爱你。你把早餐放在桌上，跑过来刮了一下我的鼻子说："知道了，懒虫，该起床了！"

30岁那年，我在你生日那天说我爱你。你笑着说："下班早点回来，记得买点菜。"

孩子中考那年，某天晚饭后，看着你疲惫的身影，我说我爱你。你边收拾碗筷边面无表情地嘟囔着："行了，行了，快去帮孩子复习功课去吧！"

送儿子去大学报到回来，当天晚上家里只剩下我们俩，我说我爱你。你打着毛线，头也不抬："真的？你心里是不是巴不得我早点儿死掉。"

在全家人为你过60岁大寿时，我说我爱你。你笑着捶了我一拳："死老头子！孙子都这么大了，还贫嘴！"然后就咯咯咯地笑个不停。

70岁时，我们坐在摇椅上，戴着老花镜，欣赏着50年前我给你的情书，布满皱纹的手像50年前那样紧握在一起。那时候，我说我爱你。你深情地望着我，我看到你那已经皱纹满面的脸依旧那么美丽，炉子上的开水咕嘟咕嘟地冒烟，温馨的暖意充满了整个屋子。

80岁时，你说你爱我。我什么也没说，但那是我人生最快乐的日子。我流泪了，因为你终于对我说出了那句"我——爱——你。"

90岁时，我们在一起，一同向对方说："我爱你。今生最大的享受就是能够牵着你的手，幸福地陪你走完这一生。"

"执子之手，与子偕老"，它不是一句简单的话语，而是在千万人之中、在时间无涯的芳草地上，没有早一步，也没有晚一步，恰巧被我们遇上了的人。不需要太多言语，只要轻轻一握，就这样牵着对方的手，一直不放地走下去。在这个物欲横流的时代里，人们也许可以因为很多看似合理的理由在一起，但如果是因为爱情，那么，请珍惜。

挥别错的，与该爱的人在一起

2013年5月，一位女艺人睽违三年的全新专辑发表。与以往不同的是，这是她进入人生新阶段后的全新体悟，尘埃落定，她忍不住又想借由自己最喜欢的歌唱，来分享一些心声。

她在新专辑同名主打歌《亲爱的路人》中这样唱道："总要为想爱的人不想活 / 才跟该爱的人生活 / 来过 走过 是亲爱的路人 成全我/ 那时候只懂得爱谁最多 / 忘了谁最懂得爱我 / 对的人会成为一对 / 因为 再不怕犯错 / 没有错 让最爱的人错过 / 才知道最后爱什么 / 来吧 来吧 让亲爱的路人 珍惜我 / 没有你们爱过 没有我。"

这位女艺人，就是那个"没有红酒的高贵典雅，没有咖啡的精致摩登，却自有一种温润香浓的芬芳"的奶茶——刘若英。

曾在某网友的微博上看到过《为爱痴狂的女子，将不再孤单》一文，文笔细腻而流畅，让人看到了一个别样女子的情路征程：她曾走在一条文艺女青年的绿荫小道上，不知爱情在何处；她曾高声唱着《为爱痴狂》，感叹着《原来你也在这里》，在似水年华的时光里痴痴等待。终于，在2011年8月，她迎来了自己的爱情。

幸福降临时，有人祝福，有人感叹，还有一些人谈论着另一个名字：陈升。在某期的娱乐节目《桃色蛋白质》中，许多人近距离地了解了奶茶和陈升之间的故事：是他带她入行，为她打造《为爱痴狂》；是他告诉她，“唱片不是歌手的名片，也不是你嫁入豪门的跳板，而是我们真的付出很多生命在里面”；是他亲口对她说：“我会做那种永远让你找不到的爸爸，而不是那种要去问儿女会不会回来吃晚饭的爸爸”；而当闻听刘若英婚讯时，他忍不住眼眶湿润，“因为心中有嫁女儿的感动”。

2013年10月，刘若英在博客中写下了一篇《给九十岁的你》的文章，这是给陈升散文小品集《9999滴眼泪》的推荐序，里面有这样一段话：“你的确在我生命中扮演了很多角色，你也说过，大树要在天空交接相会才有意思，那时你的意思是说，我还是棵小苗，别老依附着你，要我自己学着长大！嘿嘿，你总会有九十岁的时候，我也会有八十岁的时候，到那个时候，我不奢望我的树长得比其他人高，也不需要长得跟他人一般高，我只确定，我的树顶能遥遥见得着你的树顶就够了。”

也许，每个女孩心里都有一位父亲般的依恋和仰慕，在他面前永远像学生一样羞愧不完美。他教会了她成长，开启了她的智慧，让她发现一些生活的真相。只不过，年轻时候的我们往往会把这种感情幻想成童话，很美，却也令人唏嘘。直到有一天随着渐渐长大终于明白，那些在你生命中经过的人，或留下痕迹，或色彩鲜明，或灰暗模糊，然后，才“跟该爱的人生活”，才会爱得快乐。

十几岁的时候，她失去了父亲。在缺失父爱的环境里长大，遇到麻烦的时候，她总会看到母亲那张焦虑的脸，这多少也影响到了她，以至于在面对很多问题时，她少了几分刚强和勇敢。潜意识里，她一直渴望能够有个人借给她一双翅膀，助她飞翔。

二十几岁时，她遇到了他。他符合她心目中完美男人的所有标准，事业有成，心思沉稳，细腻体贴。她不用多说什么，他就能一眼看穿她的心事；她不用费心的解释，他就能给她最好的安慰。唯一的遗憾，他年长她20岁，早已为人夫，为人父。

有段日子，她问过自己：究竟是爱上了他，还是把缺失的父爱寄托在了他的身上？她说不清楚，只知道已经深陷其中，不可自拔。在公司里，她努力成为他最好的助手，每每帮他漂亮地解决了一些问题，并得到他由衷的认可时，她心里会涌起一股浪花般的喜悦感；在生活上，她留意他每一个重要的节日，提醒他或是帮他准备好一切。

精明而历经世事的他，何尝看不出这个女孩的心思？可在他心里，她不过是一个比自己女儿年长几岁的孩子，仅此而已。他能够给予的，不过是在这个陌生的都市给她一份稳定的收入，让她找到一份属于自己的安全感。

偶尔，他会跟她开玩笑，或是故意调侃她，说给她介绍男朋友。她浅浅一笑，心里却不好过。偶尔，他会故意跟她说起，自己的太太和女儿，说起家庭生活，甚至谈及他年轻时的一些往事，以及和太太的深厚感情。其实，他是在提醒她。

公司年会上，他携太太共同出席。那是她第一次见到他的太太，果然气质非凡，虽已不再年轻，却别有一番韵味。一整晚，她就窝在不起眼的角落里，黯然神伤。

不久后，公司需要派遣一位职员到丹麦总部，她主动提出了申请。按照她的性情，过去就算有这样的机会摆在眼前，她也不屑一顾，她真的不愿离开他。可现在，她却执意要走，义无反顾。踏上飞往丹麦的飞机时，她哭了。可是，她不后悔。

时隔两年，她回来了，再次与他相见。两人握手问候、四目相对的那一刻，她又哭了，但不是难过，不是感慨，而是像是见到了阔别已久的亲人。此时的她，已经有了另一半，正准备踏上新生活的征程。

她突然明白：从前那份复杂的情感，并非是爱情，只是一种寄托。

生命中，总要有些人教会你，什么是甜蜜，什么是痛苦，什么是拥有，什么是遗憾；同时也教会你，什么是错过，什么是真爱。总要为想爱的人不想活，才跟该爱的人一起生活。

爱时勇敢，分开时亦不纠缠

“看着身旁的人一对对 / 想起谁心痛在作祟 / 你看窗外山花开得那么美 / 只想牵你的手化蝶翩翩飞 / 我以为爱过就不会后悔 / 每次醒来的时候眼角还有泪 / 难道受伤的心还在呼唤谁 / 快来吧快来吧让我爱一回 / 谁是谁的谁的谁 / 谁让谁憔悴 / 谁是谁的谁的谁 / 谁让谁伤悲 / 来来往往的人 / 谁认识了谁 / 谁与谁相逢 / 谁是谁的谁……”

谁是谁的谁，凭栏处，似忆喧哗旧事，却终究明白，这世上，没有谁离不了谁。无论怎样，我们都要继续生活，无论如何，我们都还有继续幸福的机会。

荣获2010年金球奖的电影《和莎莫的500天》讲述了一个颇具超现实主义色彩的爱情故事，正如宣传语所言“一个不相信真爱的女孩遇上了一个疯狂爱上她的男孩”：女孩莎莫有着天使般惊艳的笑容，男孩汤姆则是一个曾经拥有建筑师梦想的普通小职员，共同的爱好让他们迅速坠入爱河。

汤姆相信命运的安排，坚信女孩就是他的唯一，而莎莫受到儿时父母离异的影响，对恋人关系和婚姻充满了不安和恐惧。甜言蜜语背后隐藏着不一般的矛盾，一个相信命中注定，一个清醒认识现实。终于，在一个温暖的午后，汤姆的世界到底还是崩塌了：莎莫毫无理由地向他提出了分手。

故事的结局颇有反讽意味：原本不相信婚姻的莎莫最后成了别人的妻子，而本来坚信命中注定的汤姆却开始憎恨爱情。就在这时，汤姆遇到了另一个让他怦然心动的女孩，一瞬间他恍然醒悟，原来没有什么所谓命中注定，奇迹也不会天天发生，一切都只是随遇随缘的巧合。

诚然，我们可以理解，包括你我在内的几乎每一个人都怀有一种美好的愿景：盼望一见钟情，期待至死不渝。很多时候，女人会一厢情愿地编纂、导演自己的爱情戏，相随相伴，不离不弃，以为有朝一日终会打动他的心。然而，随着岁月的流逝，那些终究是庄公晓梦，再美，也只是恍恍惚惚的遥远。一旦失去，便悲恸到深感一辈子不会再爱了。

殊不知，有时候我们恋上的并不是某个人，而只是那种非你不可的美好执著。等到我们邂逅下一个对的人时，回首间才会猛然发现，那个曾经让我们撕心裂肺的人竟然变得愈加模糊，那些自以为刻骨铭心的事也已经忘却得差不多了。

林徽因曾说：“红尘陌上，独自行走，绿萝拂过衣襟，青云打湿诺言。山和水可以两两相忘，日与月可以毫无瓜葛。那时候，只一个人的浮世清欢，一个人的细水长流。”

在一起的时候，女人时时感到，再美妙的幸福也不过如此了：她熟知男人的一切，衣服、裤子、鞋子，男人最喜欢的穿衣风格，最爱的口味，最常用的烟酒牌子……一切的一切，女人都无需背诵，因为有爱，所有的记忆都是那么自然而然，仿佛不经意间就印在脑子里，刻在心里了。

女人逐渐在爱中迷失自己，因为怕失去，所以她不断加倍地对男人好。但即使这样，仍旧没能扭转那个结局：“我们，分手吧。”

当男人搬离租住公寓时，向来追随他到天涯海角的女人世界顿时失去了颜色，仿佛自己的灵魂都被装在了男人的行李箱中，被他全部带走了。

从此，一切似乎都变得了无生机，工作不顺，生活不顺，事事不顺，仿佛周围的所有都在和自己作对。

其实，这哪里是有谁在作对，而是手里还握着爱情那一点残留的痕迹，没有真正放下。要知道，一份逝去的爱不过是红尘路上一个小小的插曲而已，它不是生活的全部，无论如何，生活还要继续，还要好好地生活。

正如歌中所唱：“幸福不在远方，开一扇窗许下愿望，你会感受爱，感受恨，感受原谅，生命总不会只充满悲伤。他走了带不走你的天堂，风干后只留下彩虹泪光，他走了你可以把梦留下，总会有个地方等待爱飞翔。”

是啊，一段爱飘走了，却带不走你的天堂。芸芸众生，没有谁可以死